| 设 | 计 | 速 | 递 |

D E S I G N C L A S S I C S

墅造空间——别墅专辑

VILLA SPACE

● 本书编委会 编

中国林业出版社

图书在版编目（CIP）数据

墅造空间：别墅专辑 /《墅造空间》编写委员会编写. -- 北京：中国林业出版社, 2015.6
（设计速递系列）

ISBN 978-7-5038-8014-8

Ⅰ. ①墅… Ⅱ. ①墅… Ⅲ. ①别墅－室内装饰设计－图集 Ⅳ. ①TU241-64

中国版本图书馆CIP数据核字(2015)第120878号

本书编委会

◎ 编委会成员名单

选题策划：金堂奖出版中心

编写成员：董 君　张 岩　高囡囡　王 超　刘 杰　孙 宇　李一茹
姜 琳　赵天一　李成伟　王琳琳　王为伟　李金斤　王明明
石 芳　王 博　徐 健　齐 碧　阮秋艳　王 野　刘 洋
朱 武　谭慧敏　邓慧英　陈 婧　张文媛　陆 露　何海珍

整体设计：张寒隽

中国林业出版社 · 建筑分社
策　划：纪 亮
责任编辑：李丝丝 王思源

出版：中国林业出版社
（100009 北京西城区德内大街刘海胡同 7 号）
http://lycb.forestry.gov.cn/
E-mail：cfphz@public.bta.net.cn
电话：（010）8314 3518
发行：中国林业出版社
印刷：北京利丰雅高长城印刷有限公司
版次：2015年8月第1版
印次：2015年8月第1次
开本：230mm×300mm，1/16
印张：13
字数：100千字
定价：220.00元

鸣谢

因稿件繁多内容多样，书中部分作品无法及时联系到作者，请作者通过出版社与主编联系获取样书，并在此表示感谢。

CONTENTS
目录

Restaurant

台州仙居和家园别墅	XianjuHE villa	002
金华华欣名都 17-A	Huaxin Mingdu 17-A	008
国玉 · 阔	capacious	014
稍纵即逝	Fleeting	020
半山建筑	Semi-mountain Architecture	026
蜀风停苑	Shu feng Garden	034
人文揺翠	Nature & Humanism	038
光合呼吸宅	Photosynthesis house	046
路	way	052
宁波石浦 · 宅院	shipu house	060
桃花源沈宅	Hangzhou the Peach Garden Shen Zhai	066
穿透岁月的美	Through years of beauty	074
东丽湖揽湖院	Tianjin Dongli Lake Lake Hospital LAN	082
阳光诗意的美学之居	Sunshine&poetical	086
帝豪蓝宝庄园	Royal Blaupunkt manor	092
西山颐居	The Fragrant Hill residence	098
金地紫乐府	The purple Yuefu	104
框景自然	Catch Nature Image in A Frame	110
务本堂别墅	The service of the Church of Suzhou Villa	114
于舍	Yu House	120
丰宁家园	Feng ning Home	124
汀香十里	Ten in Changsha Ting incense	130
金地西山意境	Jindi xishan life	134

CONTENTS
目录

Restaurant

尽享法式奢华之美	Enjoy the French luxury beauty	138
恋恋乡村风	Courtry-style Residences	146
古典新生	Classical newborn	150
栖园一漫步水云间	Nanjing habitat garden-in the water and clouds	154
依岸康堤	YI AN KANG DI	158
江鸿 · 铂蓝郡	Bolanjun	164
中海文华熙岸邓宅	FoShan China Mandarin City Shore Deng Villa	170
追求东方的自然生活品味	The pursuit of the east natural life taste	176
书香致远 屋华天然	Shuxiang Zhiyuan Wu Hua natural	182
艺术品收藏家的别墅	Art collector's villa	188
生活的艺术	The life of art	192
私人别墅	personal Villa	196
中式别墅	Chinese Style	202

Villa
别墅空间

台州仙居和家园别墅 Xianjuhe Villa

金华华欣名都17-A Huaxin Mingdu 17-A

国玉/阔 capacious

稍纵即逝 Fleeting

半山建筑 Semi-mountain Architecture

蜀风停苑 Shu feng Garden

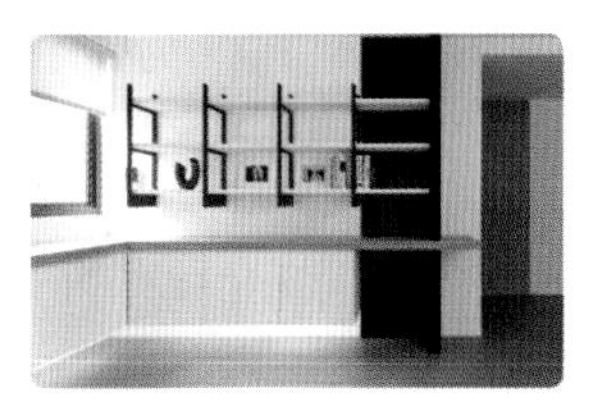

人文揭翠 Nature & Humanism

光合呼吸宅 Photosynthesis house

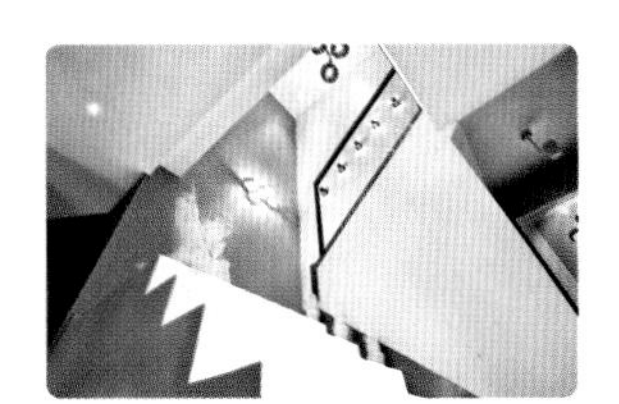

路 way

宁波石浦·宅院 shipu house

台州仙居和家园别墅
XIANJUHE VILLA

项目名称 _ 台州仙居和家园别墅 / **主案设计** _ 杨钧 / **项目地点** _ 浙江台州市 / **项目面积** _450 平方米 / **投资金额** _300 万元 / **主要材料** _ 地面：哑光洞石、软木地板、船木地板；立面：老船木、涂料、柚木

A 项目定位 Design Proposition
业主是一位年近 60 的单身老人，通过对业主的个人爱好和审美的了解，作为一个成功的商人他还缺少什么呢？我想给这座房子述说一个故事——《光阴的故事》。光阴似箭，岁月无痕。围绕这个主题让主人在自己的房子里轻轻地触摸和感受，从中找到答案。

B 环境风格 Creativity & Aesthetics
摒弃很多流行元素，设计师通过光影，自然以及讲故事的能力，利用记忆和现实的交替，营造出意味深长且充分亲近自然又足够舒适、令人愉悦的居住空间。

C 空间布局 Space Planning
打破原有固定对称布置手法，完全不拘泥于形式，体现自由、开放。用简单巧妙的手法利用原来很难使用的窗户，变成图形和室内相呼应，达到光影效果。在有限的空间特意设计一个玻璃房做为茶室，当电动百叶开启时，入眼便是户外的自然景色，使室内与室外有机结合，让建筑的肺部吸入从外浸润而来的自然气息。使得建筑在林间自由欢快的呼吸。

D 设计选材 Materials & Cost Effectiveness
使用老船木和涂料等材质，回归原生态原点，通过最普通的方法表达对生活的态度。通过材质描绘出那一份怀旧的色彩，让人对于时间对于空间产生无限的遐想。

E 使用效果 Fidelity to Client
逃离喧嚣都市并纵情于自然，在居家中慢慢让时间流淌。把记忆作为业主的人文诉求点，让时间流转成为空间的诠释。让每个前来阅读她的人都能感受到他对艺术和收藏的狂热。

SMEG

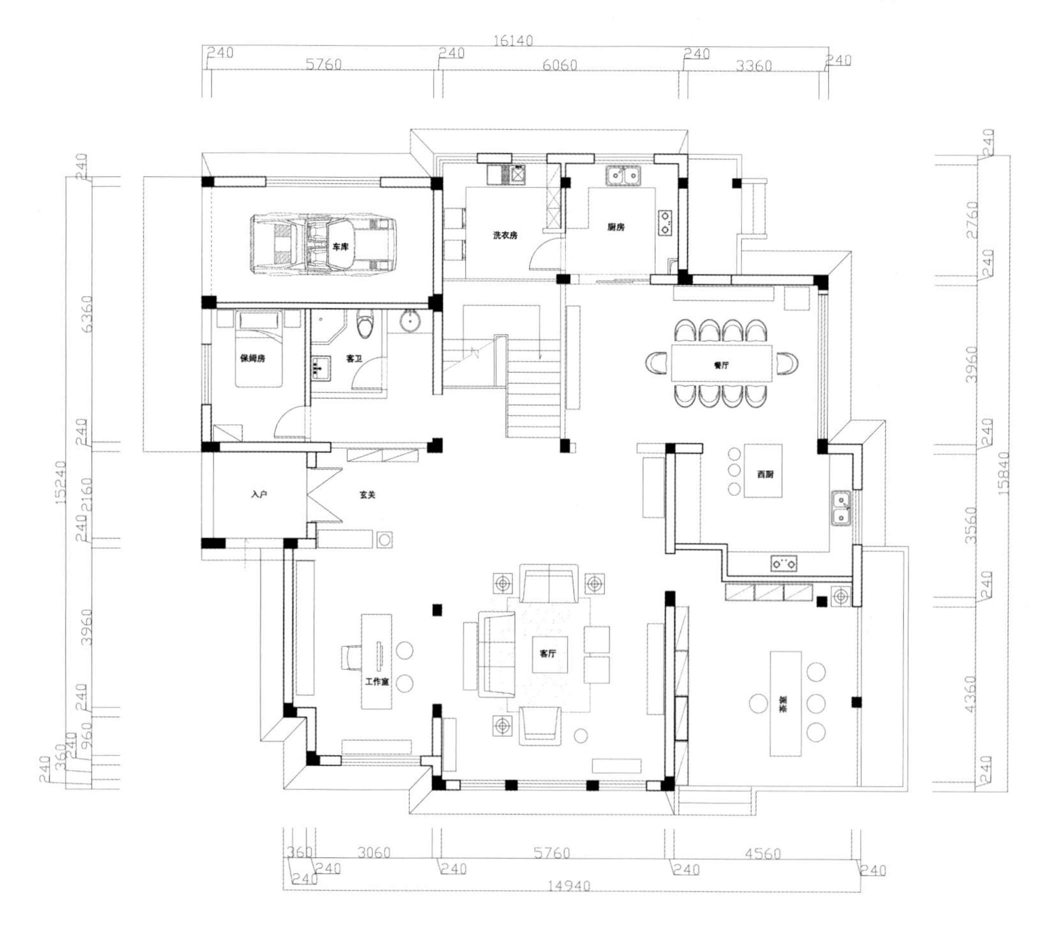

16140
240
5760
240
6060
240
3360
240
车库
洗衣房
厨房
保姆房
客卫
餐厅
西厨
入户
玄关
客厅
工作室
15240
15840
360
3060
5760
4560
14940

一层平面图

金华华欣名都 17-A
HUAXIN MINGDU 17-A

项目名称 _ 金华华欣名都 17-A / **主案设计** _ 徐梁 / **参与设计** _ 李祖林 / **项目地点** _ 浙江省金华市 / **项目面积** _ 440 平方米 / **投资金额** _ 140 万元 / **主要材料** _ 帅康整体橱柜、富得利、锐驰家具

A 项目定位 Design Proposition
针对时尚、年轻的家庭的居住环境，满足当代社会的时尚群体的需求、对生活的态度、艺术的自由做了新的诠释。

B 环境风格 Creativity & Aesthetics
整体墙地面运用了硬朗的石材与特质的木地板的结合，让居家在环境上表述硬朗的同时也有柔软温馨的一面，随意散放的摆件品提升空间的内在气质，也展现出主人的自我品味。

C 空间布局 Space Planning
穿透式的整体布局，扩大了一层的视觉效果，对室内的楼梯位置进行的变化与改造，让每个空间的对话更加直接、简洁明快。

D 设计选材 Materials & Cost Effectiveness
特质实木地板铺设在楼梯空间墙面从底层贯穿到顶层楼板，整个楼梯扶手采用了透明的弧形玻璃在空间更为灵巧。

E 使用效果 Fidelity to Client
作品在交付后得到业主的一致好评，与业主家庭的生活习性紧密结合，创造了温馨舒适的家居氛围。

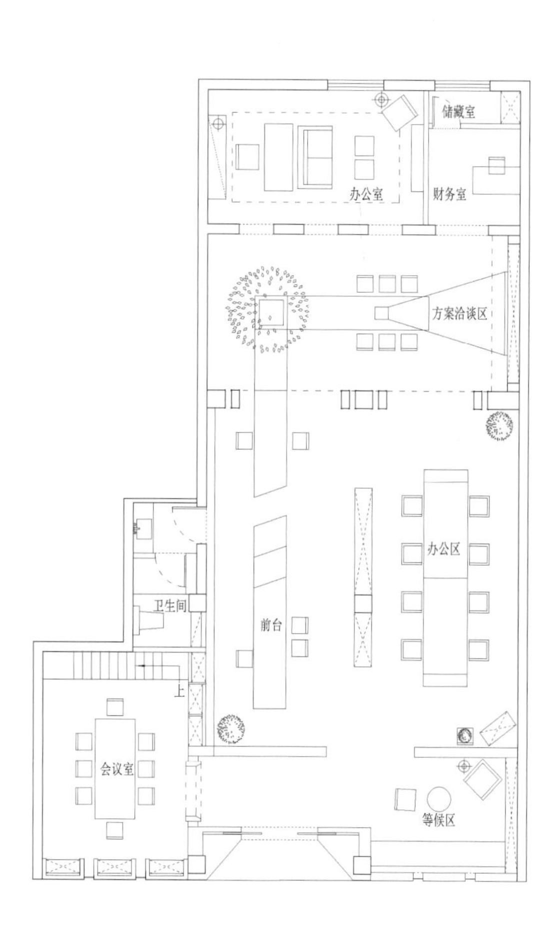

一层平面图

国玉·阔
CAPACIOUS

项目名称 _ *国玉·阔* / **主案设计** _ *俞佳宏* / **项目地点** _ *台湾台北县* / **项目面积** _ *635 平方米* / **投资金额** _ *300 万元* / **主要材料** _ *清水模、石皮、木纹漆、意大利石英砖、木格栅、铁件*

A 项目定位 Design Proposition
复层互动的空间架构，各自独立亦相互串连。

B 环境风格 Creativity & Aesthetics
人文禅风的大器风范。

C 空间布局 Space Planning
空间分为 2 栋，布局上每层空间各自独立而鲜明。

D 设计选材 Materials & Cost Effectiveness
大面积的清水模，石皮与铁件的搭配，使空间沉稳大器。

E 使用效果 Fidelity to Client
复层空间的代表案例。

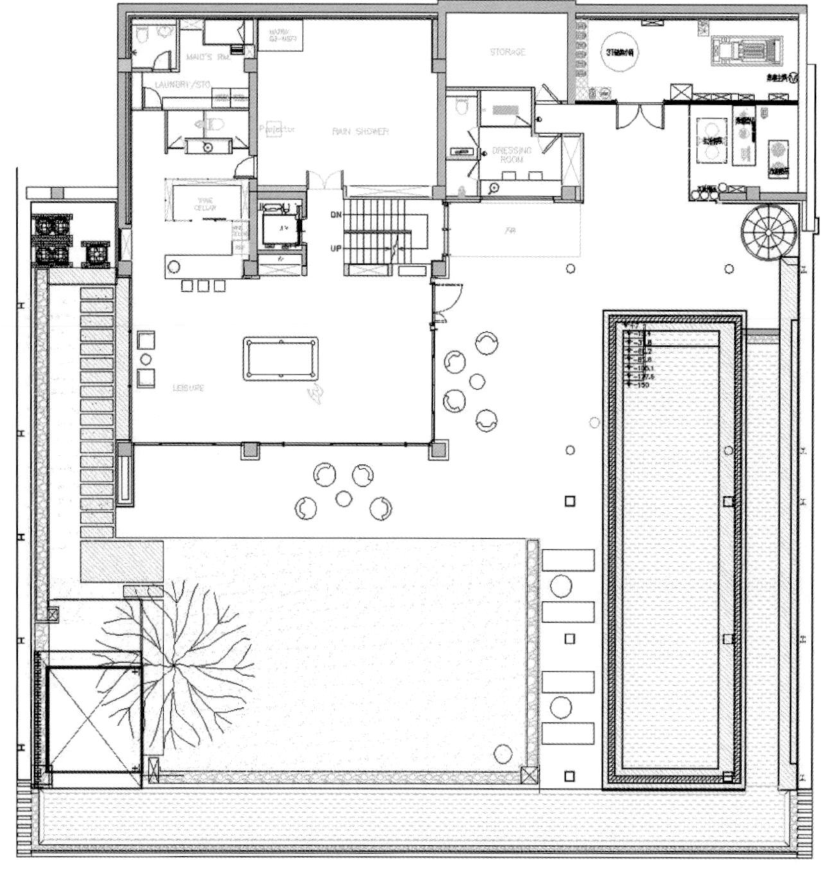
MAID'S RM.
LAUNDRY/STO
STORAGE
RAIN SHOWER
DRESSING
ROOM
WINE
CELLAR
DN
UP
LEISURE

一层平面图

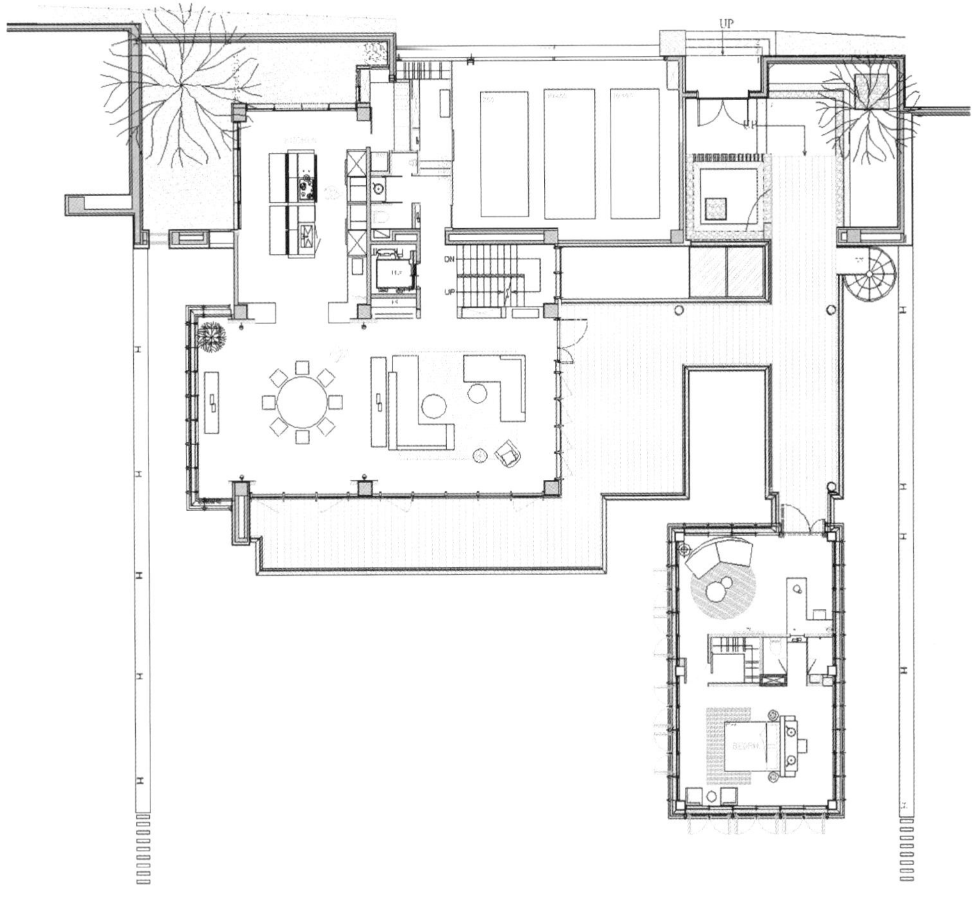

二层平面图

稍纵即逝 FLEETING

项目名称 _ *稍纵即逝* / **主案设计** _ *吕秋翰* / **参与设计** _ *廖瑜汝* / **项目地点** _ *台湾台北县* / **项目面积** _ *135 平方米* / **投资金额** _ *80 万元*

A 项目定位 Design Proposition

藉由天光的变化使的都市人体会时间，放慢脚步。

B 环境风格 Creativity & Aesthetics

有了天窗，使得此空间的白，随着不同时间色温不断的改变，而感受时间经过；在匆忙的都市生活中，由此感受步调停下脚步。

C 空间布局 Space Planning

区隔空间的墙面，置换成所需的机能物件，以看似摆设的方式呈现空间立面的节奏，形成一种被划分的自由空间，无拘无束的动线方式。

D 设计选材 Materials & Cost Effectiveness

白色的磨石地转，此材料来取代能够呼吸的木材。

E 使用效果 Fidelity to Client

自由的动线和光线，使得屋主更能够掌握生活的节奏！

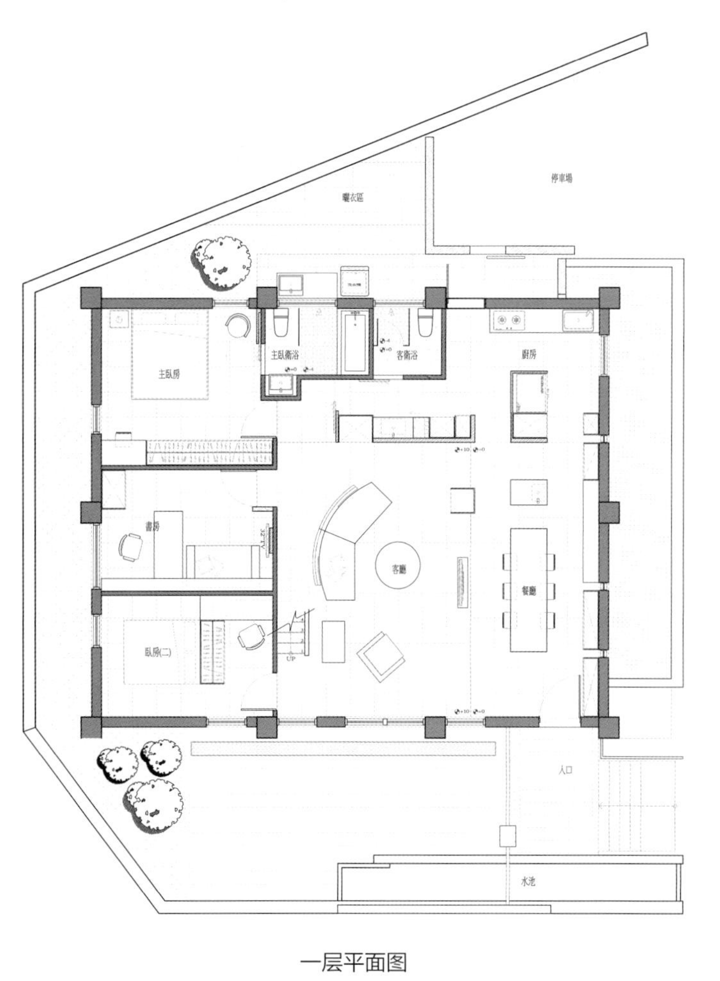

一层平面图

bookshelf

Now

Now
TASCHEN

半山建筑
SEMI-MOUNTAIN ARCHITECTURE

项目名称 _ *半山建筑* / **主案设计** _ *杨焕生* / **项目地点** _ *台湾南投县* / **项目面积** _ *379 平方米* / **投资金额** _ *600 万元* / **主要材料** _ *清水模、天然桧木、订制家具、黑色大理石、桧木实木地板*

A 项目定位 Design Proposition

这栋建筑位于八卦山台地、视野辽阔、可以远眺中央山脉群山，也可俯瞰猫罗溪溪谷，宁静优雅的文化与风土，随台湾现代化交通系统与通讯网便捷，在这半山与都市接轨却无比方便。因此创造与大自然和谐共存，让居住融于自然的空间。

B 环境风格 Creativity & Aesthetics

业主委托设计新家时，这栋半山建筑附近均是大片低矮茶园，希望建筑落成时能在室内也能欣赏这份景致。自然流动在其间的不只这些自然元素，包含了人的动线，功能的布局，视线的角度，身体的感触；这一流畅的空间可以孕化一个人身处半山环境身心，并随着空间文法的流动微妙的改变居住者的心灵变化。

C 空间布局 Space Planning

本案利用重叠、错离及融合构成方式组成，由次要空间水平向延伸右边 16 米乘 3.5 米长的户外雨庇及左侧 12 米长钢结构车库顶棚形成一水平长向白色建筑量体。

D 设计选材 Materials & Cost Effectiveness

室内建筑以清水混凝土墙构筑、室内桧木屏风与室外的孤松，形成光影对话，建筑构法简单及清净但依然讲究建筑所重视的光影、通风与地景的微气候效应。

E 使用效果 Fidelity to Client

这肌理曼妙流动于宁静光影空间之中，空间是背景，生活是主体，利用简化格局与宽阔动线拉长空间距离，为了铺成丰富层次，让人难以一眼望尽屋内所有动态，特意配置多道屏风界定空间虚实开合，借以定义场域里外属性。

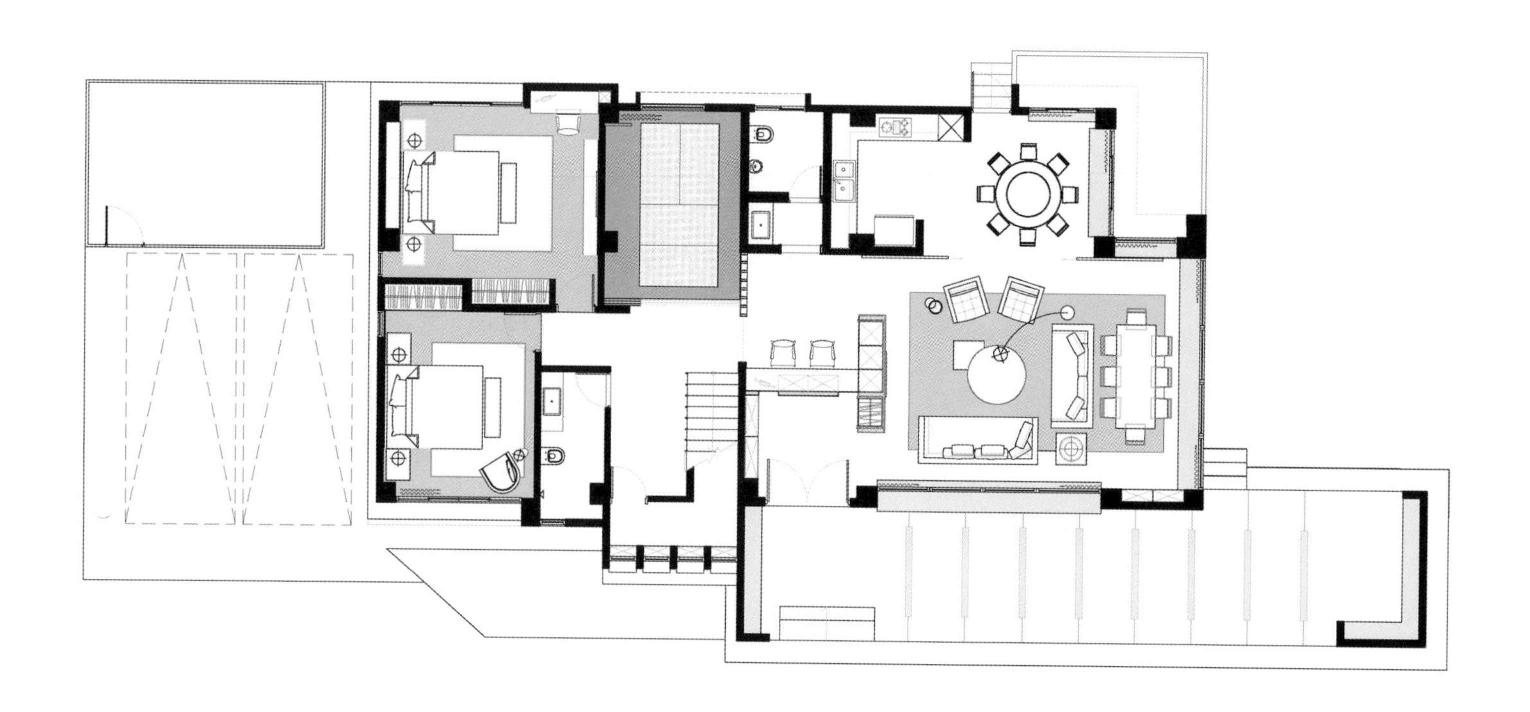

一层平面图

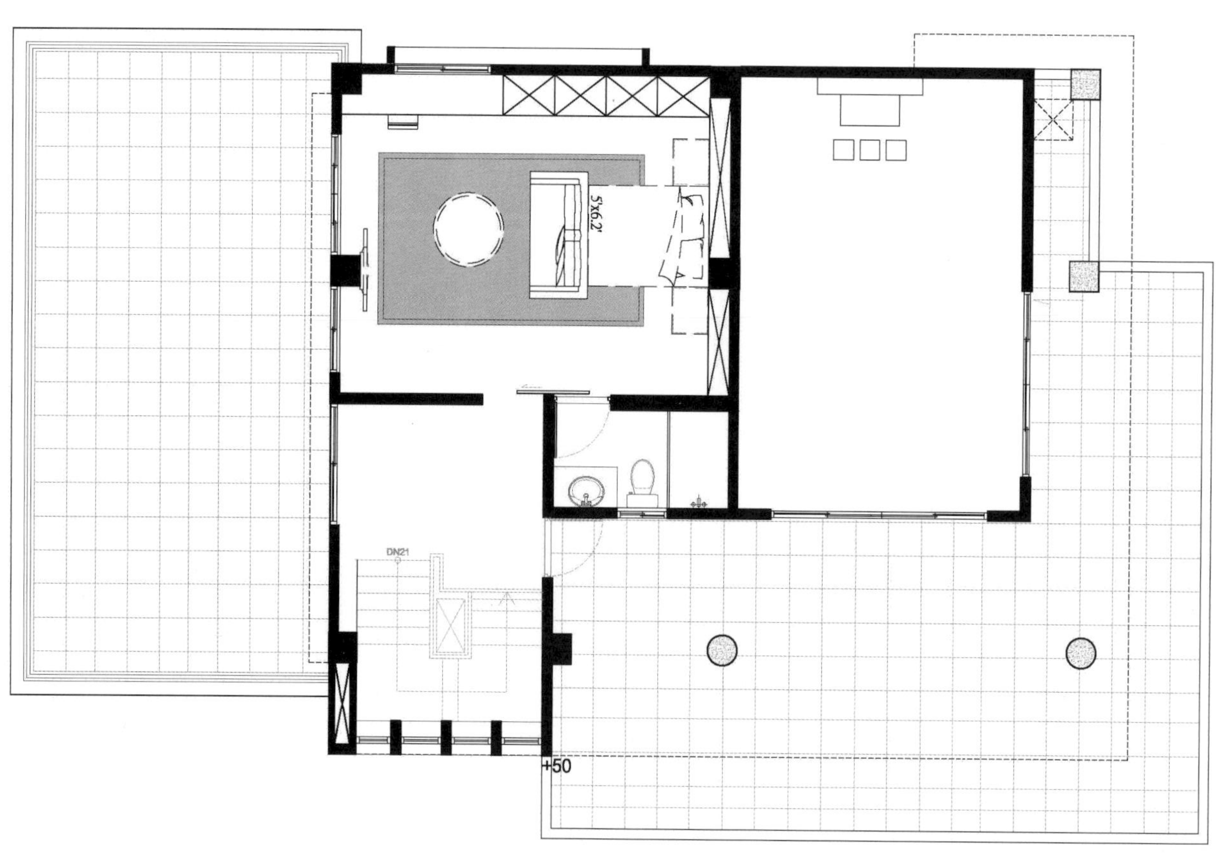

二层平面图

蜀风停苑

SHU FENG GARDEN

项目名称 _ 蜀风停苑 / **主案设计** _ 郑军 / **项目地点** _ 四川省成都市 / **项目面积** _300 平方米 / **投资金额** _150 万元 / **主要材料** _ 简一大理石瓷砖、安信木门、汉斯格雅浴室五金、德贝橱柜、顶固五金

A 项目定位 Design Proposition

蜀风花园比邻金沙遗址，整个外建筑充满西蜀风情，当今成都都市人生活在，西方文化不断融入的大环境中，不断发展，城市于我们是一个陀螺， 不断旋转，设计师运用柔软元素打造此空间。打造舒缓宁静的空间，为家留下一片恬静。

B 环境风格 Creativity & Aesthetics

中式和欧式的结合，犹如现代人们，洋房西装，卷发红唇，一开口还是纯粹的中国话，到生活本质上不失本真。本案中欧式和中式演绎的淋漓尽致，小脚高细的吧台椅，和璀璨琉璃灯，在中式元素，蜀绣、陶艺、白兰花的包围中消去浮华，剩下静好岁月。在城市中，慢下脚步，缓中悟道。

C 空间布局 Space Planning

本案首先更改入户门厅的位置，延长进门动线，走过小桥水池再进门，给人中式庭院的风味。进入小院首先映入眼睑的是小桥水塘，小桥蜿蜒幽深。楼梯扶手取自中式屏风造型，垂直到顶，和室外小桥的弯曲呼应，一曲一直平衡整个空间。客厅加以扩大，在开阔空间的同时，沙发背景镂空和蜀绣，地面类似祥云图案地毯，软质元素安抚大空间的生硬感，达到空间的平和。厨房顶面透光石和室内镂空隔断的运用，软化模糊了空间分割线，空间融为一体，别具一格。儿童房的简单造型，寓意孩子的未来有无限种可能，留一片空白让他自己填写。白和兰的简单搭配。墙面大面积留白，既中国书画中“留白”的手法，空白处非真空，乃灵气往来，生命流动之处。

D 设计选材 Materials & Cost Effectiveness

室内中式和简欧的碰撞，软木地板和不锈钢的对比融合，打破中式的沉重，保留空间感。

E 使用效果 Fidelity to Client

客户非常满意，搬家时来了许多亲朋好友都赞不绝口！

人文挹翠
NATURE & HUMANISM

项目名称 _人文挹翠 / **主案设计** _张祥镐 / **参与设计** _高子涵 / **项目地点** _台湾省台北市 / **项目面积** _800 平方米 / **投资金额** _350 万元 / **主要材料** _Minolti,Kuan livig,Etai design living

A 项目定位 Design Proposition

都会里的庸碌，使陌生的两人相遇并决定携手共度往后的人生，然当孩子出生之后，生命里多了甜蜜的牵绊，有感于城市里生活狭迫拥挤，因此举家迁徙至邻近大自然的独栋楼宇，展开洋溢幸福的未来日子。

B 环境风格 Creativity & Aesthetics

餐厅、客厅与中岛餐台排列组合，打造视觉的进深层次，厨房场域以灰色石材嵌入黑镜包覆表层，延续于结构柱体调适空间多元媒材的转变，简单而富人文质感。

C 空间布局 Space Planning

无窗内引光景的地下一楼，挑高四米五的空间将尺度轴线拉阔，以序列至顶的十字旋转门引申进入室内的迎宾氛围，创造饭店式接待大厅的轩敞气度，黑玻晶透围塑儿童游戏间，运用木质地坪温润孩子席地而坐的馨暖；外侧地面石砖与长廊彼端拼贴粗犷质感的岩石皮层，导入户外自然绿意，自反映虚实景象的天花板悬挂中西韵味混和的吊灯，溢散内敛光晕与点状光源彼此主配衬映，整合一处蕴含时尚况味与朴质自然的入口。

D 设计选材 Materials & Cost Effectiveness

随纯白廊道步入三楼主卧房，床头主墙以奢靡质感的媒材套件组合饭店式精致享受，框架线条以垂直水平利落构筑，诠释现代时尚质感，旁侧格状铁件书柜以玻璃取代实墙，穿透光线打造清爽视感，纱帘轻筛阳光直晒的热度，打造舒适宜人的私密场域。透过镂空书柜的转折进入书房，一张柔软却具皮革质感的沙发与茶几，勾勒闲静的阅读时刻，生活更趋写意。两个小孩的卧房与起居室空间则配置二楼，延续简单适意的设计概念形塑空间样貌。

E 使用效果 Fidelity to Client

扶疏绿意——度假会所式概念。

HOME
THE HOTEL BOOK

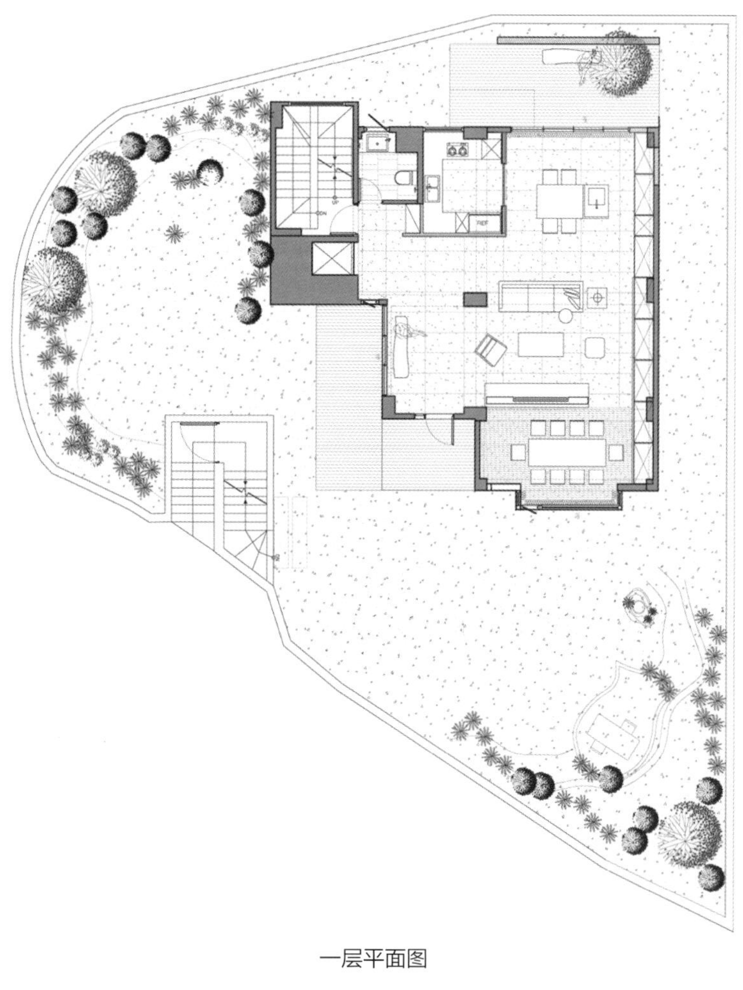

一层平面图

THE HOTEL BOOK

二层平面图

Arietta

光合呼吸宅
PHOTOSYNTHESIS HOUSE

项目名称 _ *光合呼吸宅* / **主案设计** _ *郭侠邑* / **参与设计** _ *陈燕萍、杨桂菁* / **项目地点** _ *台湾省桃园县* / **项目面积** _ *496 平方米* / **投资金额** _ *200 万元* / **主要材料** _ *原园石材*

A 项目定位 Design Proposition

旧建筑、旧格局，非常狭长的空间，但透过生态环保工法的改造设计，让阳光、空气、水都进来了。建筑体中段的天井设计，引入自然光，让整个狭长的空间明亮起来，并配合空气塔的概念，达到环保省电的功效。景观水池流水的设计，有效的降低室内的温度。

B 环境风格 Creativity & Aesthetics

阳光、空气、水都是我们人所必须要的生命元素，可以把这些元素引进到我们的家庭生活，靠自然去调节光和空气，不要再透过电器设备去控制我们的生活。 把生态工法引用到室内设计”家“的范畴中，从最基本的家做起节能减碳，进而到影响到社会、国家、全球。

C 空间布局 Space Planning

看着由天井洒落的阳光、听见潺潺流水声、感觉空气中的温湿度、触摸环保天然材质的质感、用心去感受这一切，原自于光合效应的五感生活。 利用五感：意、视、触、听、味的五感去体验生活。这才是真正的生活。

D 设计选材 Materials & Cost Effectiveness

大量使用天然石材、原木、黑铁、抿石子，让空间呈现最原始自然的元素，以利阳光、空气、水的自然对话。

E 使用效果 Fidelity to Client

非常满意。

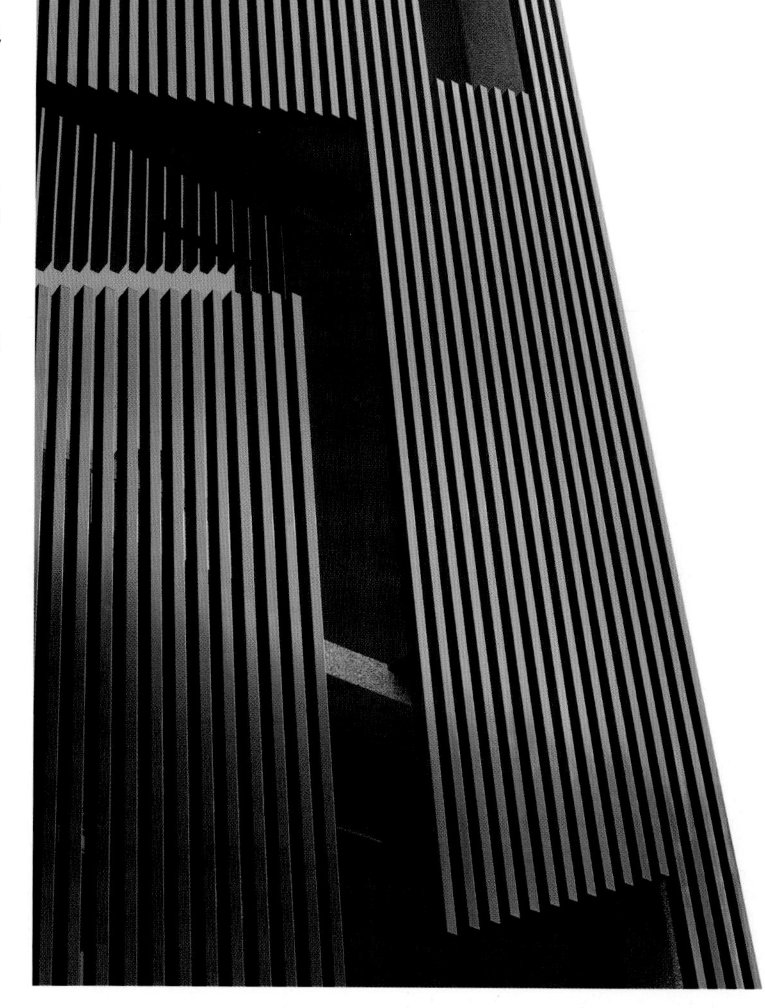

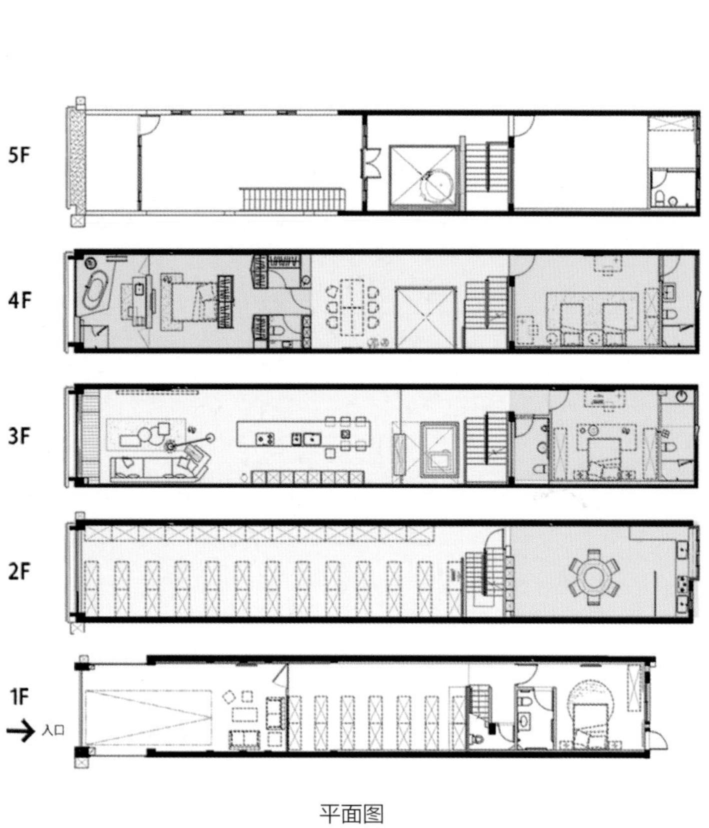

平面图

路 WAY

项目名称 _ 路 / 主案设计 _ 孟也 / 项目地点 _ 北京市 / 项目面积 _450 平方米 / 投资金额 _450 万元 / 主要材料 _ 杜马家具、大自然地板、进口 IRIS 瓷砖

A 项目定位 Design Proposition

之所以将此项目命名为”路“，缘由来自于设计师对客户的真切了解及美好的祝福，两位主人相濡以沫、相互依偎与跟随、无论平坦曲折，一路走来，从年少到白发，共同建造了属于这个家庭的和谐与美好，是空间中需要表达的核心价值。

B 环境风格 Creativity & Aesthetics

整个设计中，设计师孟也以现代空间打造的手法，融合中西方感人的审美情趣，赋予空间模棱两可的多元素风格感受，块、面、体、形一气合成，使用上更让空间充满情趣、和美，达成了中国人居最美好的愿景。

C 空间布局 Space Planning

空间中重新规划的动线中，在满足了高效的使用同时，恰到好处的体现了这条路的幽远、曲折、起伏与回转，移步一景，体现了进门后内花园的概念感受。设计师在动线设定中有意拉长人的进深运动长度，欣赏沿途风景，曲转之间游走于计划好的视觉感受中。

D 设计选材 Materials & Cost Effectiveness

卧室中，高挑的空间给了云朵灯更多飘摇的愿望，日本设计师给灯赋予了东方特有的细腻感受。空间主要家具全部为中国艺术家们精彩的作品，充满东方审美情趣，并不时结合西方印象，与国外设计师的小件配饰家具呼应，成为空间国际化印象的重要组成部分。

E 使用效果 Fidelity to Client

非常满意。

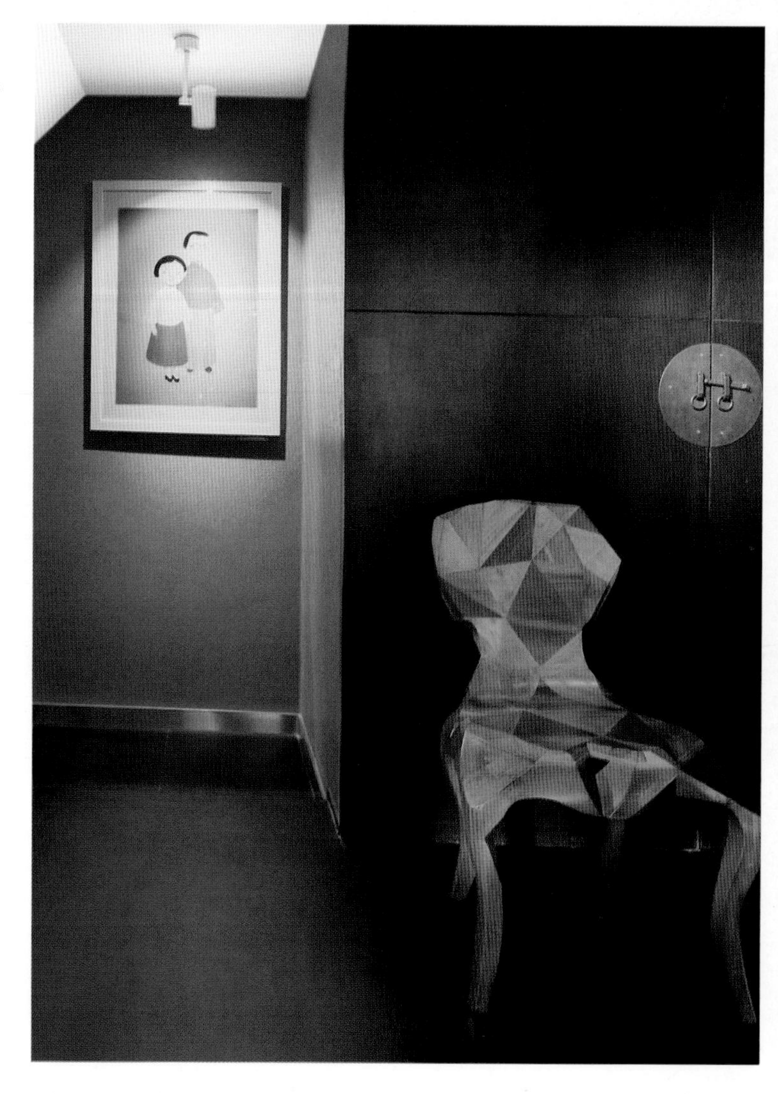

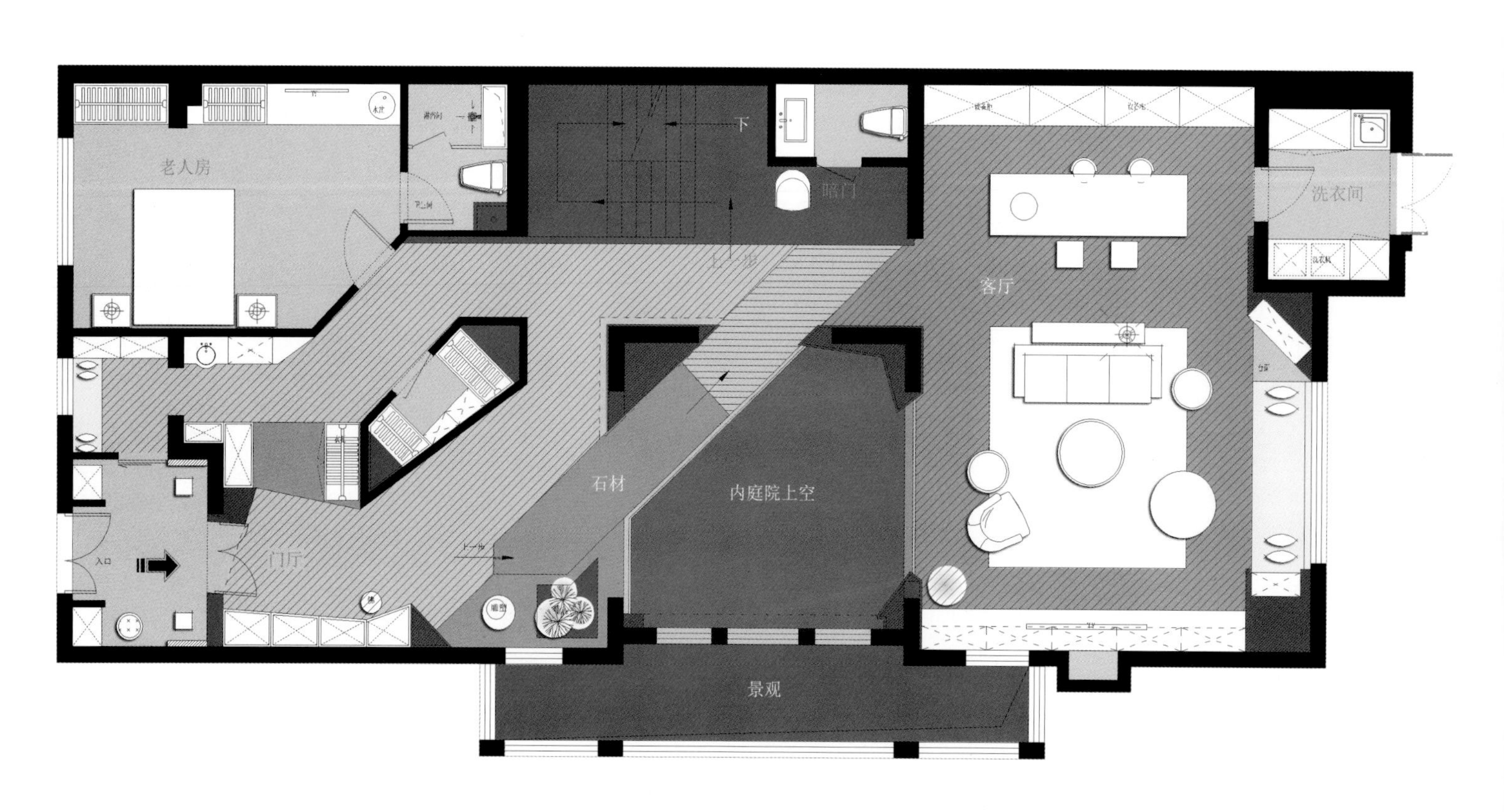

一层平面图

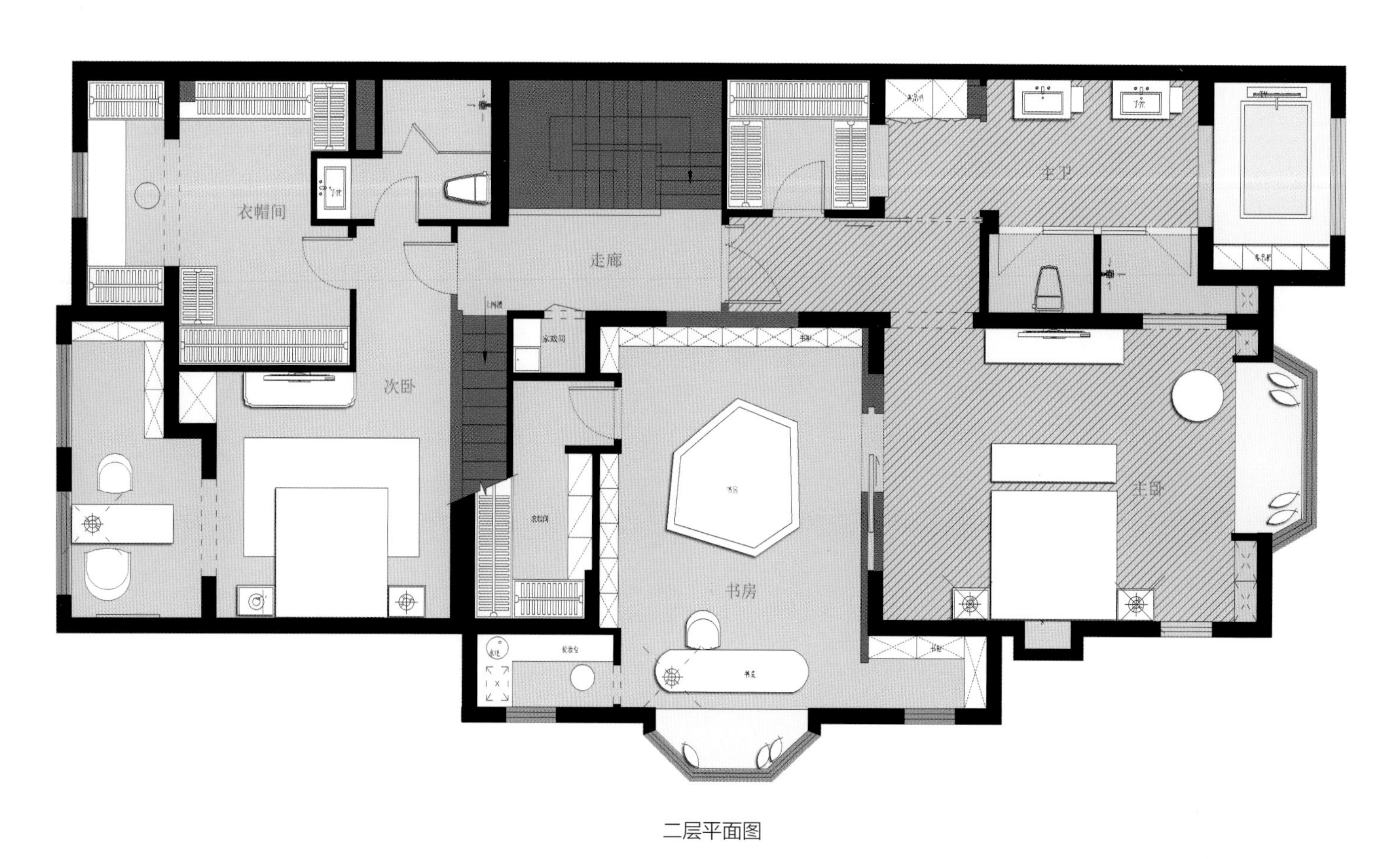

二层平面图

ROMERO BRITTO
RENOIR

the kid's cookbook

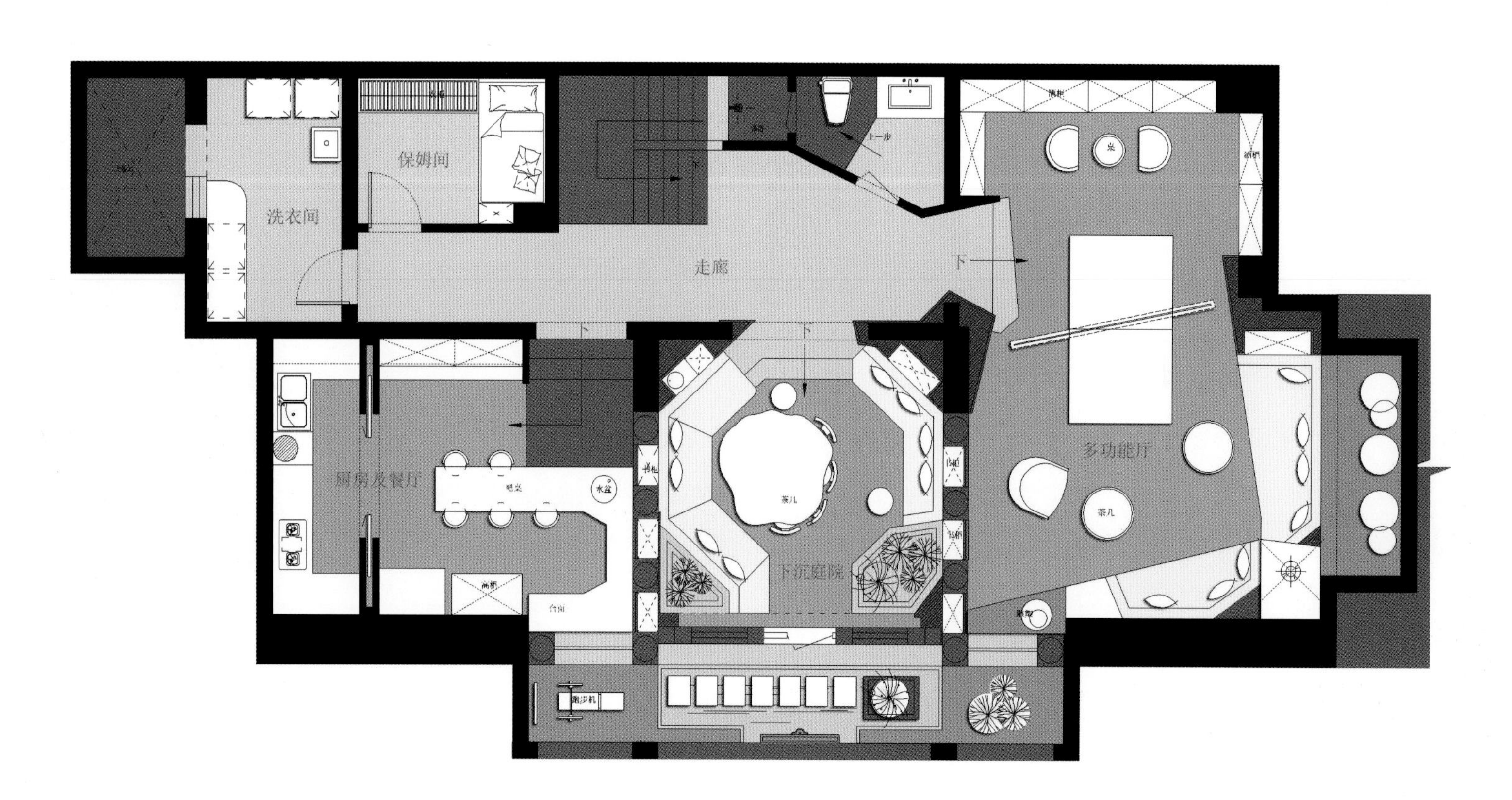

地下一层平面图

宁波石浦·宅院
SHIPU HOUSE

项目名称_宁波石浦·宅院/**主案设计**_查波/**参与设计**_冯陈/**项目地点**_浙江省宁波市/**项目面积**_700平方米/**投资金额**_200万元/**主要材料**_白木纹大理石、灰木纹大理石、古木纹大理石、维可木、青石板、实木板

A 项目定位 Design Proposition

室内设计师能决定建筑结构的机会不多，往往都是在木已成舟的无奈中，继续勉强的去达成设计的期望，而这一次不同……在中央塘村的老街静巷旁，我们展开了对农村典型性透天独栋住宅建筑的另一重探索。

B 环境风格 Creativity & Aesthetics

石浦镇，地处东海之滨、象山半岛南端，渔港古村是这里的印象写照。建筑的基地狭长，且是斜坡，四周皆是传统中国农村的典型性自建房，任何有明显风格的建筑都会在这里显得突兀不和谐。白墙黑瓦灰隔断在设计师处理下，比例尺度、颜色对比都显得安静和谐。整体环境风格上做到了层层有阳台和绿树，层层阳台可以相互互动对话。

C 空间布局 Space Planning

相信一栋好到让人充满各种想象的空间意向，就隐藏在这栋家屋几层玄关、阳台和楼梯处上方的一线天内，这个拨开的缝隙揭露了老街坊邻里的空间场景，它不仅因尺度的友善而温暖，也常常蜿蜒曲折提供了不期而遇的生活乐趣，串联起许多共同的记忆。

D 设计选材 Materials & Cost Effectiveness

反顾别墅的设计过程，联合建筑师、材料商和项目经理共同反思传统建筑的问题，总结并提出创造性的解决方案，尺度的紧张感时时挤压着设计的想像，我们必须在无有的生成之间，时时检视空间、素材、光线乃至于生活的建筑与空间品质。使用中国传统材料是设计的一贯坚持，一来既廉价环保易得来，又可以传承千百年来的传统工艺和文化，即使是一块老砖一片老瓦，只要设计师赋予新的设计语言和先进的施工手法，就可以让老材料焕发新生命。

E 使用效果 Fidelity to Client

难得的是，设计施工团队在打造建筑的历程里共同示范了一种可贵的实践：设计师与业主营造形成了友好而信任的对话关系，在往来的沟通间互相启发、共同深掘出住宅建筑的各种可能。

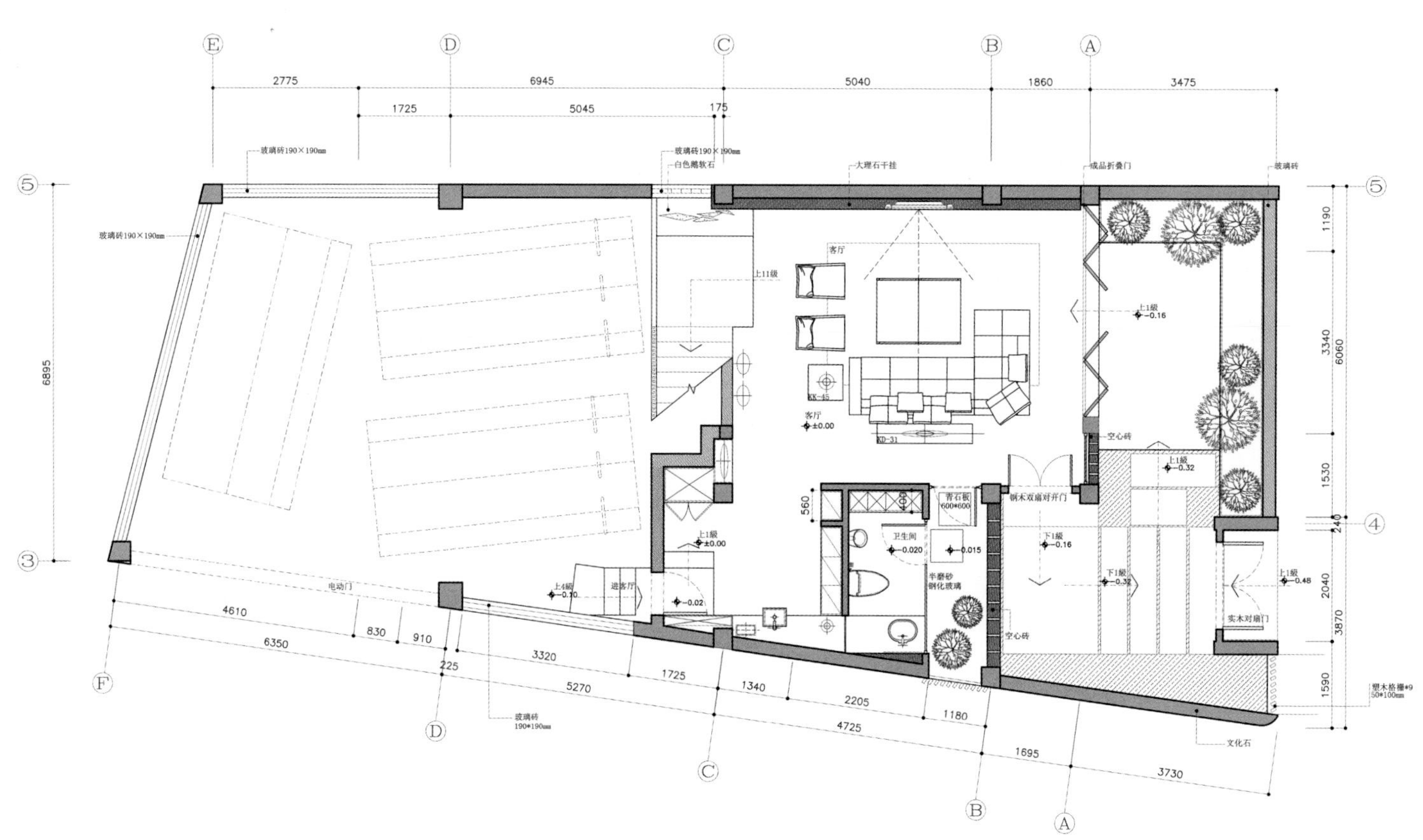

玻璃砖190×190mm
白色鹅软石
大理石干挂
成品折叠门
玻璃砖
客厅
上11级
卫生间
青石板
600*600
半磨砂
钢化玻璃
钢木双扇对开门
空心砖
实木对扇门
电动门
进客厅
文化石

一层平面图

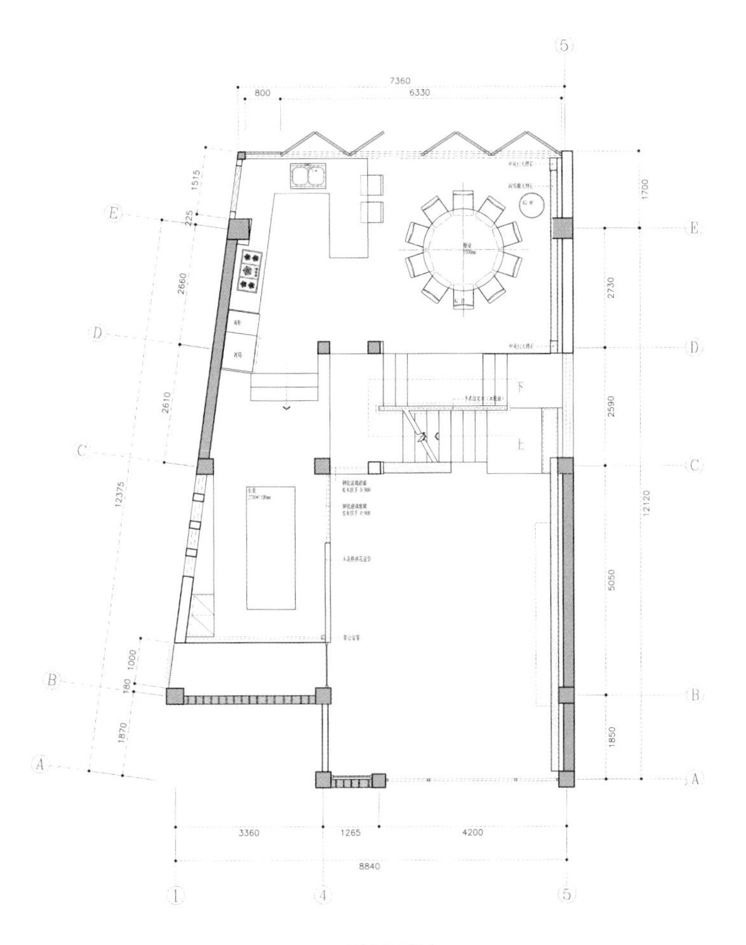

7360
800
6330
1515
225
2560
2610
12375
1000
180
1870
1700
2730
2590
12120
5050
1850
3360
1265
4200
8840

二层平面图

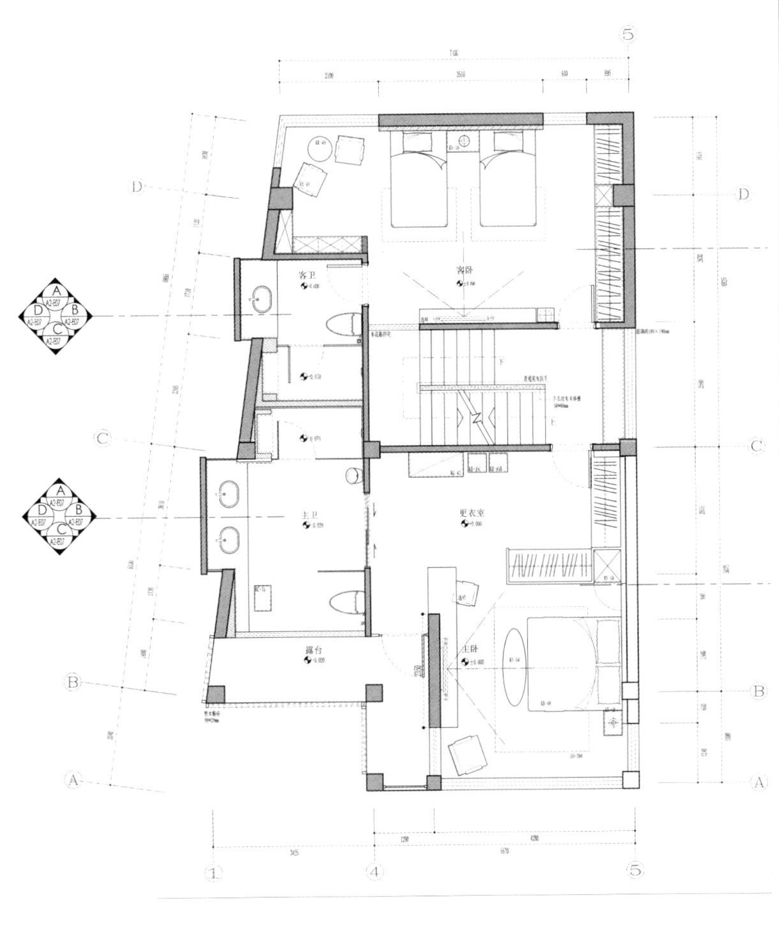

三层平面图

桃花源沈宅

HANGZHOU THE PEACH GARDEN SHEN ZHA

项目名称_杭州桃花源沈宅 / **主案设计**_梁苏杭 / **参与设计**_虞杰、周琼瑜 / **项目地点**_浙江省杭州市 / **项目面积**_800平方米 / **投资金额**_500万元 / **主要材料**_墙纸、石材、涂料、铜制品、铁艺

A 项目定位 Design Proposition

住宅类项目做多了，对当下盛行的奢华古典主义等风格就会产生一定的疲劳，脑子空洞，设计雷同。用一些不切实际而又冠冕堂皇的想法去糊弄人恐怕会被贻笑大方，在这个圈子，没有人是傻子，设计师不是，住户们更不是。这一次，我们需要重新定义设计。

B 环境风格 Creativity & Aesthetics

同为新古典法式，我们在尝试摒弃一些表面的装饰，追寻更加贴合中心的文化内容。

C 空间布局 Space Planning

原建筑格局几乎被完全打破，从更加体贴的人文关怀上重新梳理动线和格局，使之更加贴近生活。客厅的空间墙面处理上以实用性和展示性为主，为了不让充裕的空间显得空旷和单调，在重要的显眼的位置都需要做一些心思，起到画龙点睛的作用。相信我，他们要的不仅仅是视觉冲击，更是在发现细微亮点之后的惊喜。

D 设计选材 Materials & Cost Effectiveness

无聊的选型与主题吻合，我们选择尽量温和的表达方式。

E 使用效果 Fidelity to Client

非常满意。

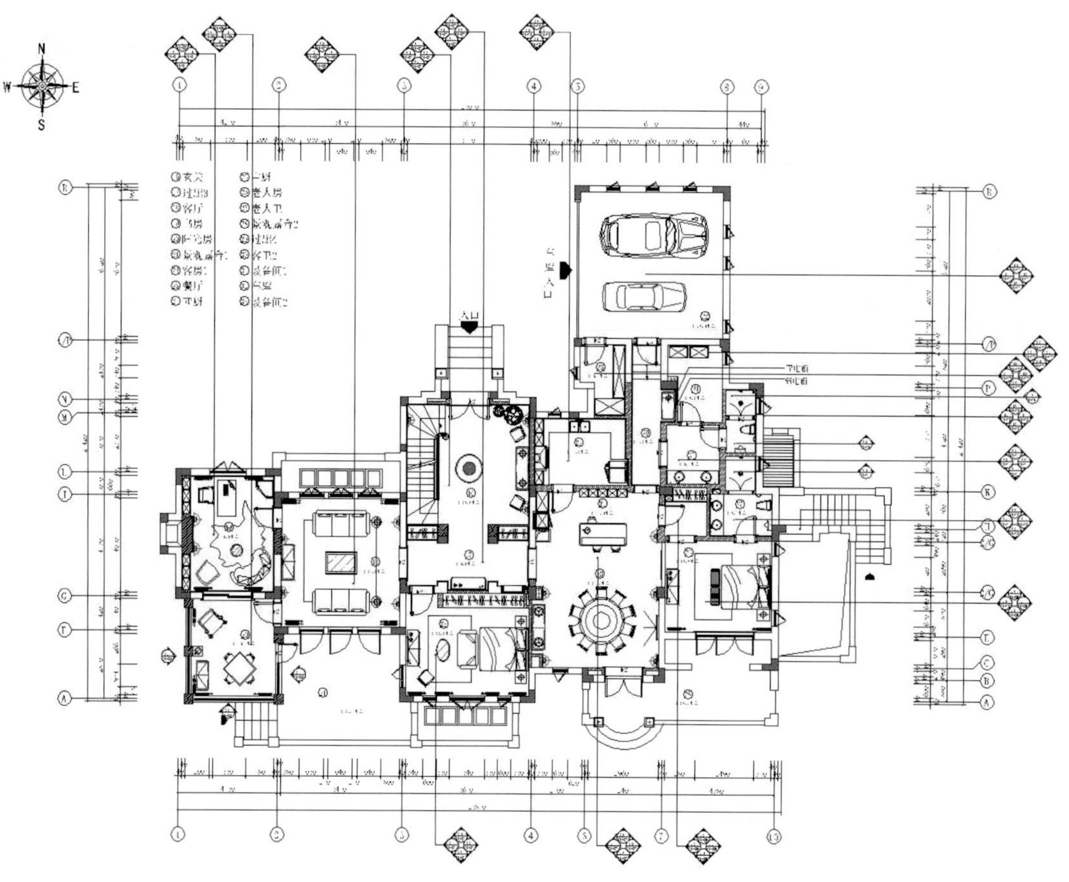

一层平面图

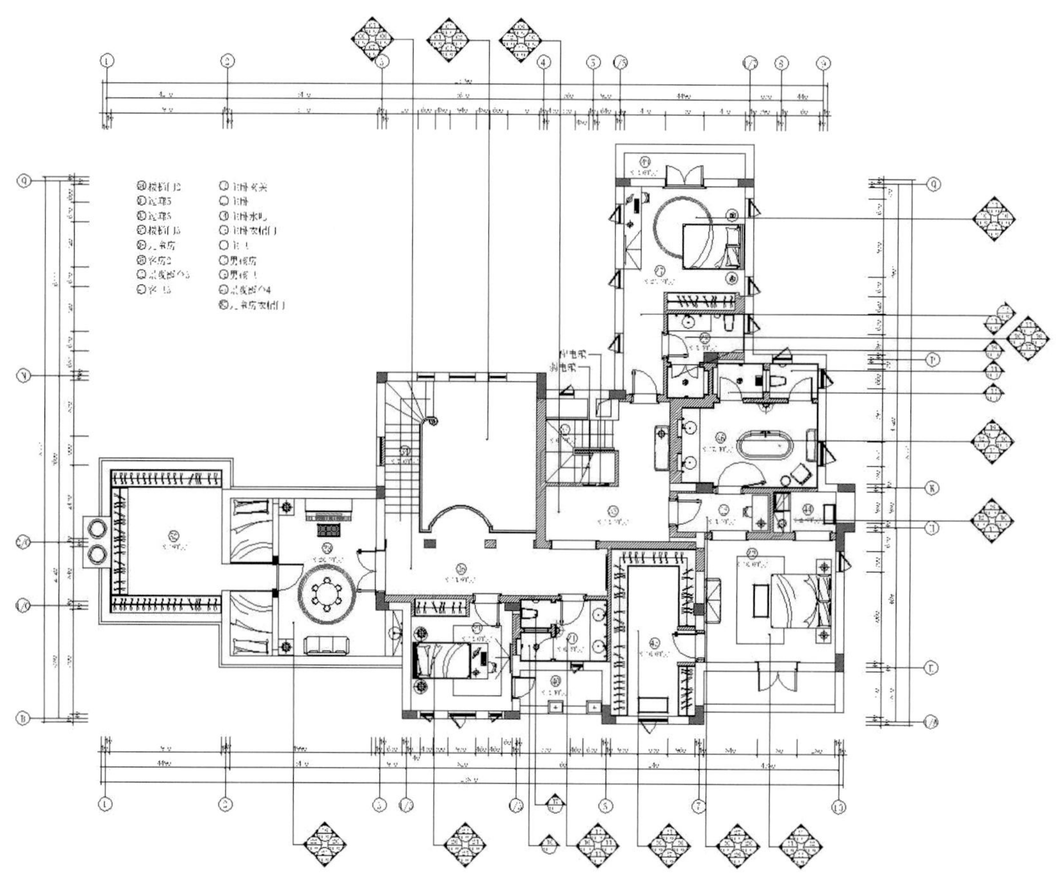

二层平面图

穿透岁月的美
THROUGH YEARS OF BEAUTY

项目名称 _ *穿透岁月的美* / **主案设计** _ *陈熠* / / **项目地点** _ *江苏省南京市* / **项目面积** _ *1700 平方米* / **投资金额** _ *1500 万元* / **主要材料** _ *简一、泰斯特、科宁、辛普森、艺极、汉斯格雅、灯玛特、书香门第*

A 项目定位 Design Proposition

钟山国际高尔夫别墅位于中国传奇名山——南京钟山脚下，整个别墅区保持了完整的地形、水文、植被的原貌，造就了树影婆娑、花香鸟语、丘陵起伏的独特景观。设计师力争为业主打造一个能代代相传的豪华私宅。

B 环境风格 Creativity & Aesthetics

本案为纯独栋绝版景观别墅，中式的庭院与西班牙风格的建筑融为一体，散发着混搭艺术的独特魅力。

C 空间布局 Space Planning

鉴于采用对称式的布局设计才能体现出空间的庄重与气派，设计师梳理了整栋别墅的轴线关系。在充分考虑主人入住后的舒适感与便捷度后，最终决定以东西这条横穿线为主轴线，配以纵贯南北的几条辅线，将每个空间的价值都发挥到极致。负一层南北轴线以东为休闲活动区，以西为家政区，业主的私人收藏馆则安置在北面的山体之中。一层东西轴线以南为会客区，以北为较为私密的用餐和办公区域。二层整一层都是主人的休息区及活动区。

D 设计选材 Materials & Cost Effectiveness

禅意的古代家居装饰，龙凤锦鲤图样的紫檀家具，祥云舒展纹路的古董屏风，每一处，每一角都植入了细致的考量。优雅、华美、沉淀，调配出内敛沉稳的东方韵味。意大利的米黄洞石、细纹的大理石，传递着大自然柔软舒展的气息，营造出舒适豪华的氛围，同时通过光线的变幻与色彩的搭配给人轻松明朗的开阔之感。艺术暗花涂料，西式油彩壁画，肌理致密的樱桃木饰面，古董屏风隔断等选材的运用，为空间增添了更内敛的藏世氛围。

E 使用效果 Fidelity to Client

中西风格完美混搭，空间布局的完美分割，多种材质的完美融合。

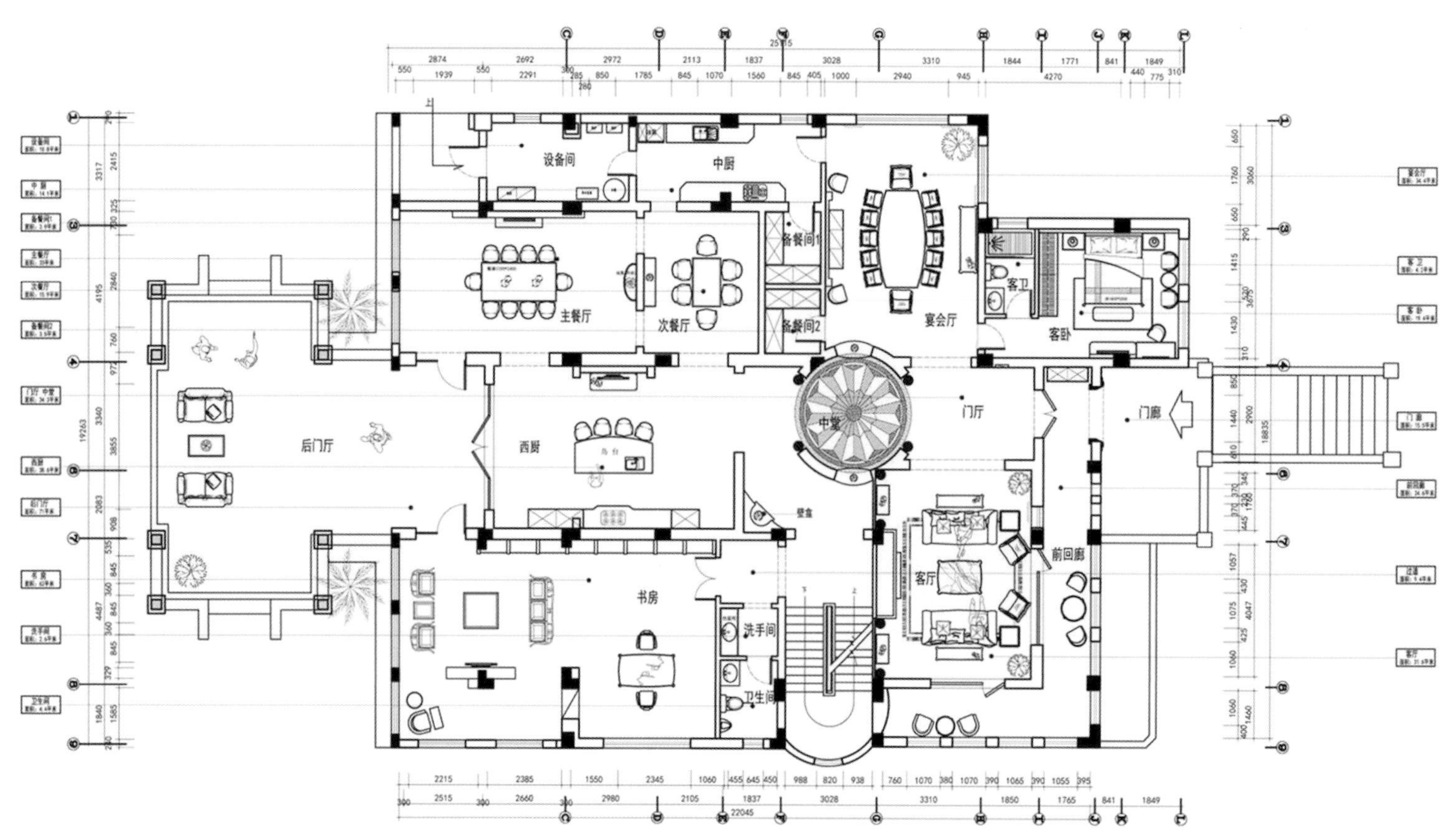

设备间
中厨
宴会厅
备餐间1
主餐厅
次餐厅
备餐间2
客卫
客卧
后门厅
西厨
中堂
门厅
门廊
壁龛
客厅
前回廊
书房
洗手间
卫生间

一层平面图

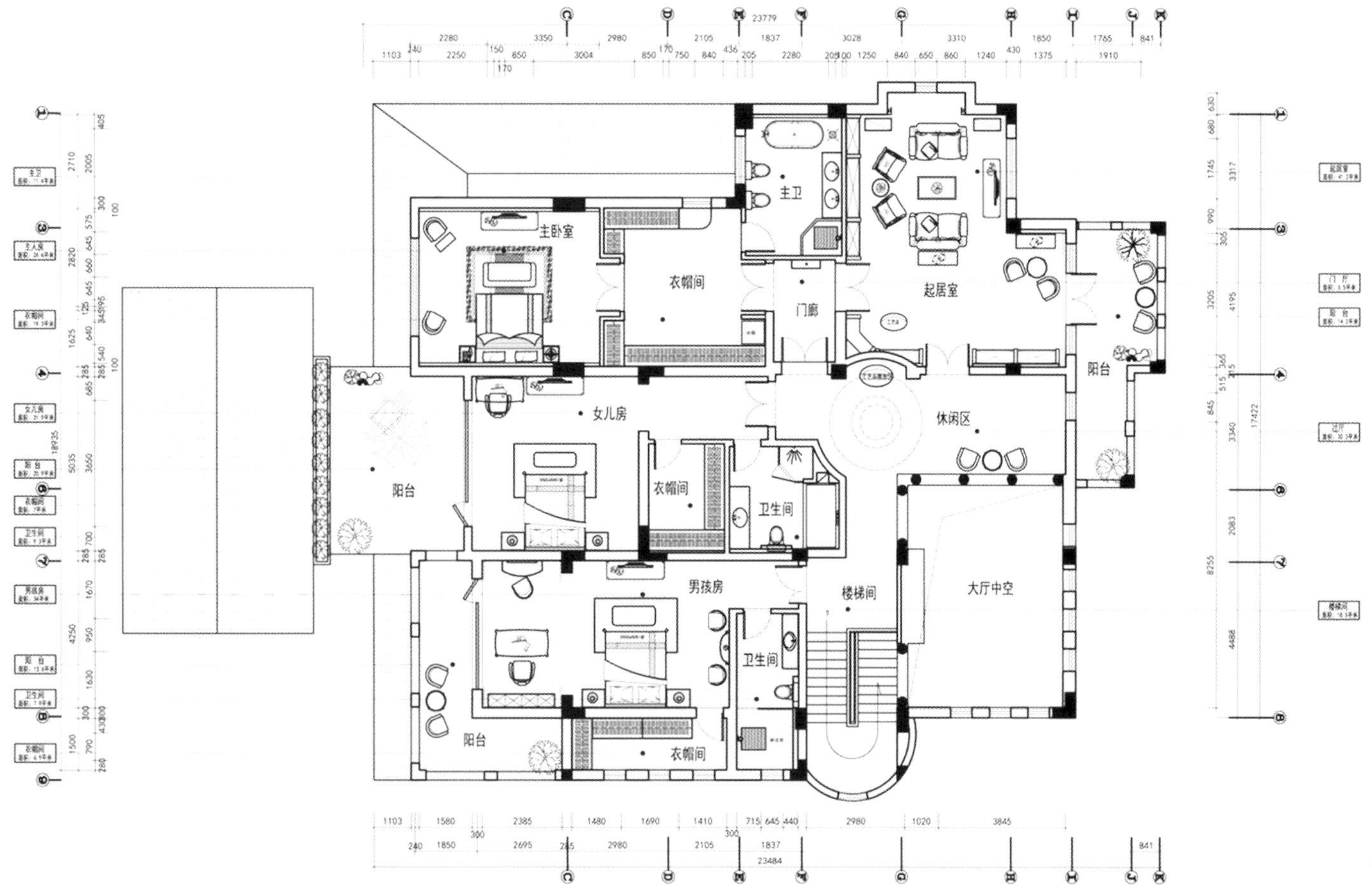
主卧室
衣帽间
主卫
门廊
起居室
阳台
女儿房
休闲区
衣帽间
卫生间
阳台
楼梯间
大厅中空
男孩房
卫生间
阳台
衣帽间
23779
23484

二层平面图

东丽湖揽湖院

TIANJIN DONGLI LAKE LAKE HOSPITAL LAN

项目名称 _天津东丽湖揽湖院 / **主案设计** _王宗原 / **项目地点** _天津 东丽区 / **项目面积** _330 平方米 / **投资金额** _200 万元 / **主要材料** _VENIS 瓷砖、L'ANTIC COLONIAL 木地板

A 项目定位 Design Proposition

为业主打造灵魂的避风港。

B 环境风格 Creativity & Aesthetics

北欧简约风格，充分利用色彩对比，细节处用灯光处理，简约而不失温馨。

C 空间布局 Space Planning

将二楼眺空的共享空间封闭，打造出和室，供业主休闲娱乐；院落延伸至东丽湖水面成为亲水平台，业主可以在湖边垂钓、烤肉，缓解城市生活压力。

D 设计选材 Materials & Cost Effectiveness

采用石材、木头等天然材料，贴近自然，与东丽湖风景融为一体。

E 使用效果 Fidelity to Client

满足业主的生活与休闲需求，不仅是业主的温馨居所，也成为友人相聚的理想场所。

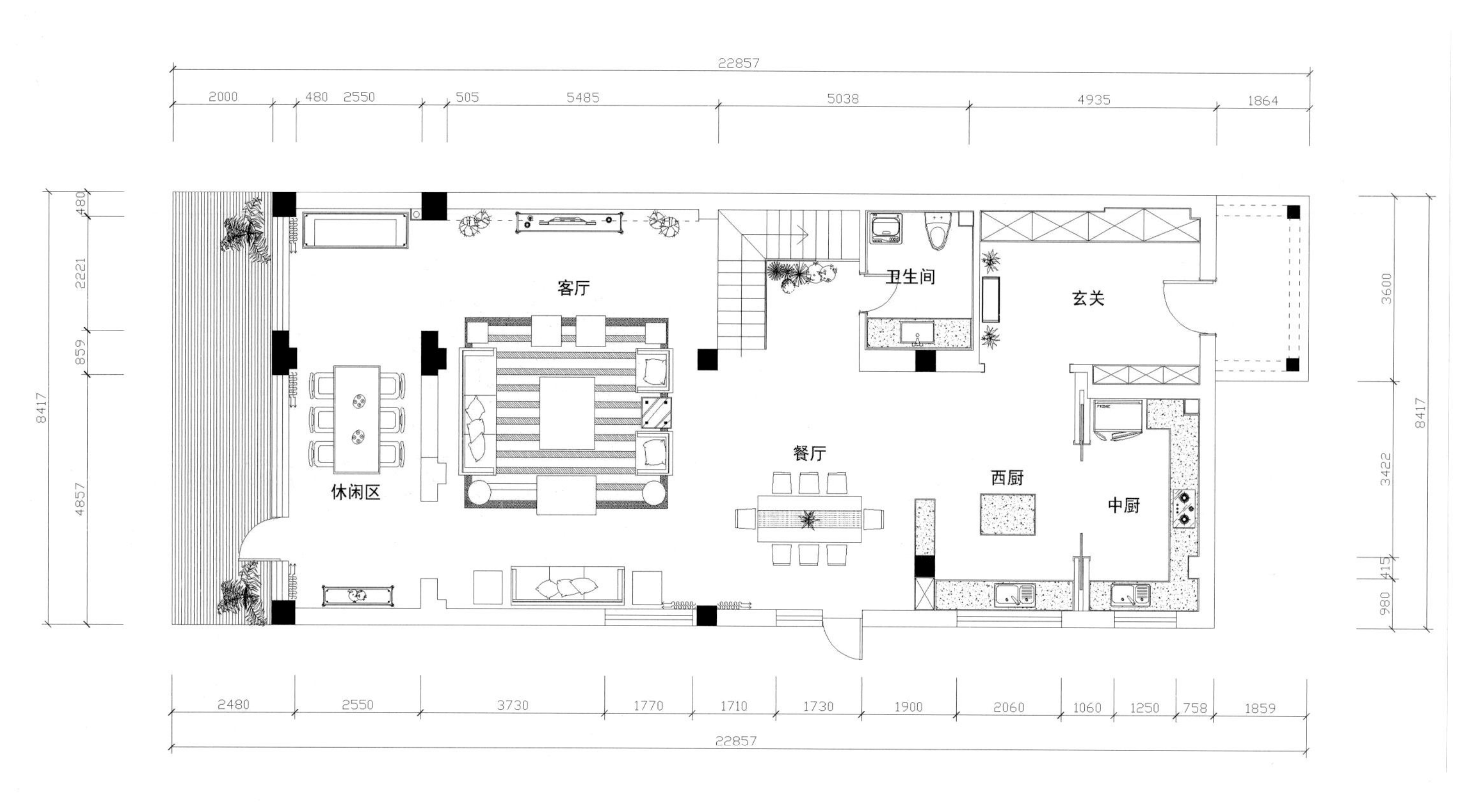
22857
2000
480
2550
505
5485
5038
4935
1864
客厅
卫生间
玄关
餐厅
西厨
中厨
休闲区
480
2221
859
4857
8417
3600
3422
415
980
8417
2480
2550
3730
1770
1710
1730
1900
2060
1060
1250
758
1859
22857

一层平面图

阳光诗意的美学之居
SUNSHINE&POETICAL

项目名称 _ 阳光诗意的美学之居 / **主案设计** _ 翁维 / **项目地点** _ 浙江省宁波市 / **项目面积** _578 平方米

A 项目定位 Design Proposition
现代风格的居室重视个性和功能性的表现，用合乎现代人需求的美学思想来代替旧有艺术上的自我表现和过度装饰。经典实用，充满巧思又具备美学意义的设计，不仅是一种值得推崇的生活方式，更是自然的选择。

B 环境风格 Creativity & Aesthetics
本案以白色为基调，流淌着大气奢雅的不凡气质，不同白色装饰的质地和形式，注重细腻的层次变化，根据各空间的风格与居住需求点缀辅助色系，加强了色调的节奏感，避免大面积白色带来的单调。

C 空间布局 Space Planning
整体呈一个开放式的布局，采光充足舒适通透，挑高的客厅与二层餐厅可以让家庭成员有氛围上的良好互动，旋转楼梯带来视觉上的灵动享受，现代业主所重视的会客与私密空间精心布置，得到完美平衡，带给居住者安全感与幸福感。

D 设计选材 Materials & Cost Effectiveness
金属与石材奠定现代风格基调，配饰同样秉承简约实用的原则，用暖色系织物带来舒适的使用触感，注重一切细节，让空间气质显得浑然天成，理所当然，些许艺术品的点缀，有助于提升家的设计感和奢雅品质。

E 使用效果 Fidelity to Client
让忙碌的心灵回到家彻底放松，还有什么比和家人享受阳光生活更幸福的呢 ......

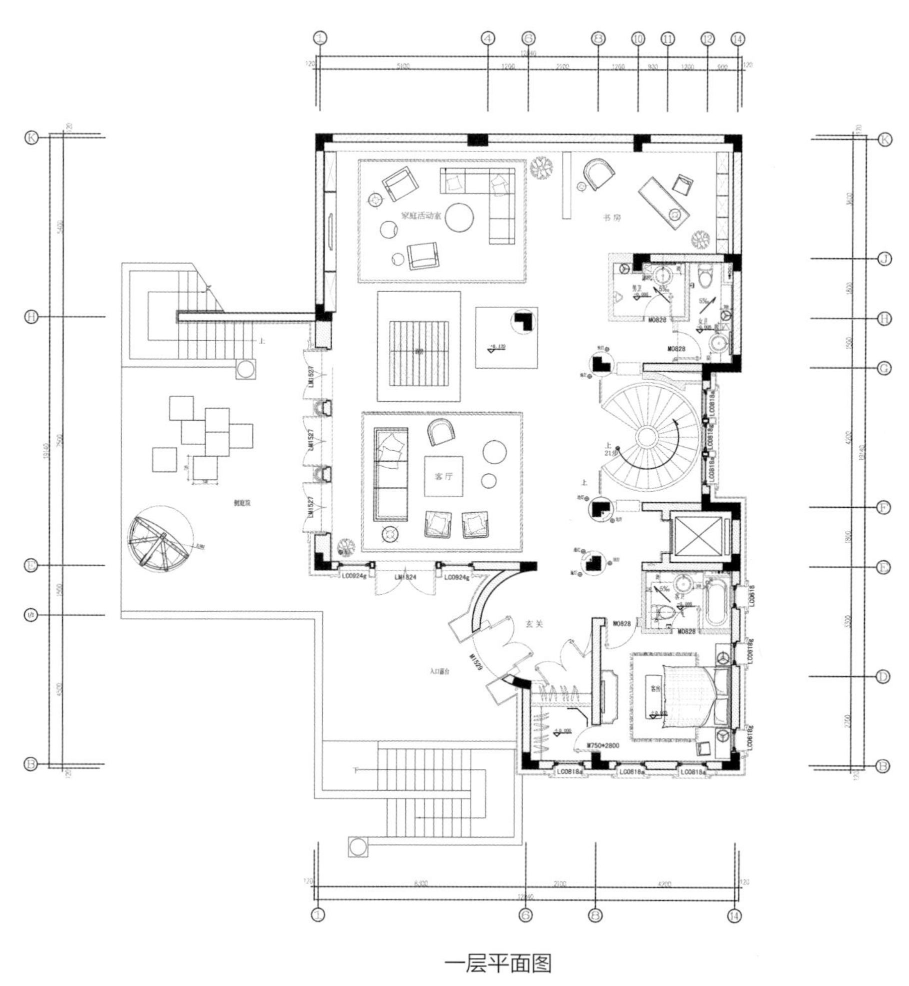
家庭活动室
书房
客厅
玄关
男卫
女卫
客卫
客房
入口露台
M0828
M750*2800
M1529
LM1527
LM1824
LC0924g
LC0818a
LC0818g
LC0618
LC0618g
21步
上
下

一层平面图

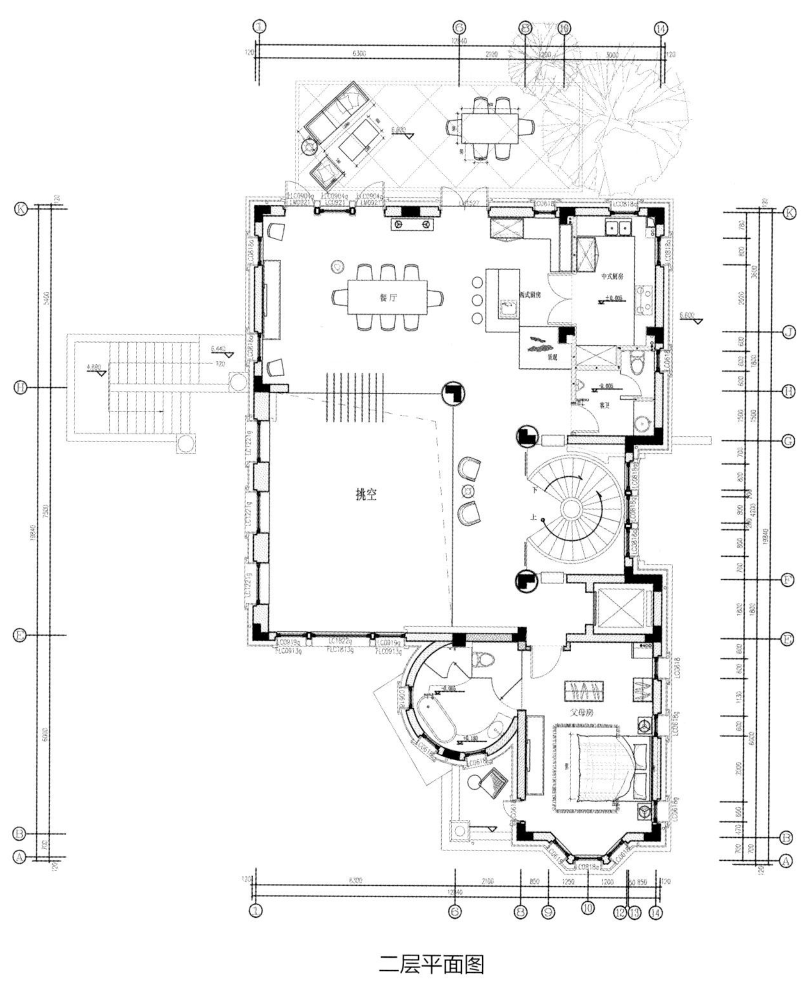

二层平面图

帝豪蓝宝庄园
ROYAL BLAUPUNKT MANOR

项目名称 _ 帝豪蓝宝庄园——（山宅一生） / **主案设计** _ 裴俊杰 / **项目地点** _ 山西省太原市 / **项目面积** _2900 平方米 / **投资金额** _3300 万元

A 项目定位 Design Proposition
别墅地处山区，依山傍水，占地面积 22 亩，室内面积 2900 平方米，设计意图将自然与奢华衔接成完整和谐的山间别墅。

B 环境风格 Creativity & Aesthetics
在感受自然美景的同时享受现代文明。

C 空间布局 Space Planning
将植物和水引入空间，在设计手法上将山水自然形态通过归纳演绎成现代的生活场景，设计意图将自然与奢华通过自然元素衔接成完整和谐的山间别墅。

D 设计选材 Materials & Cost Effectiveness
新颖。

E 使用效果 Fidelity to Client
很好。

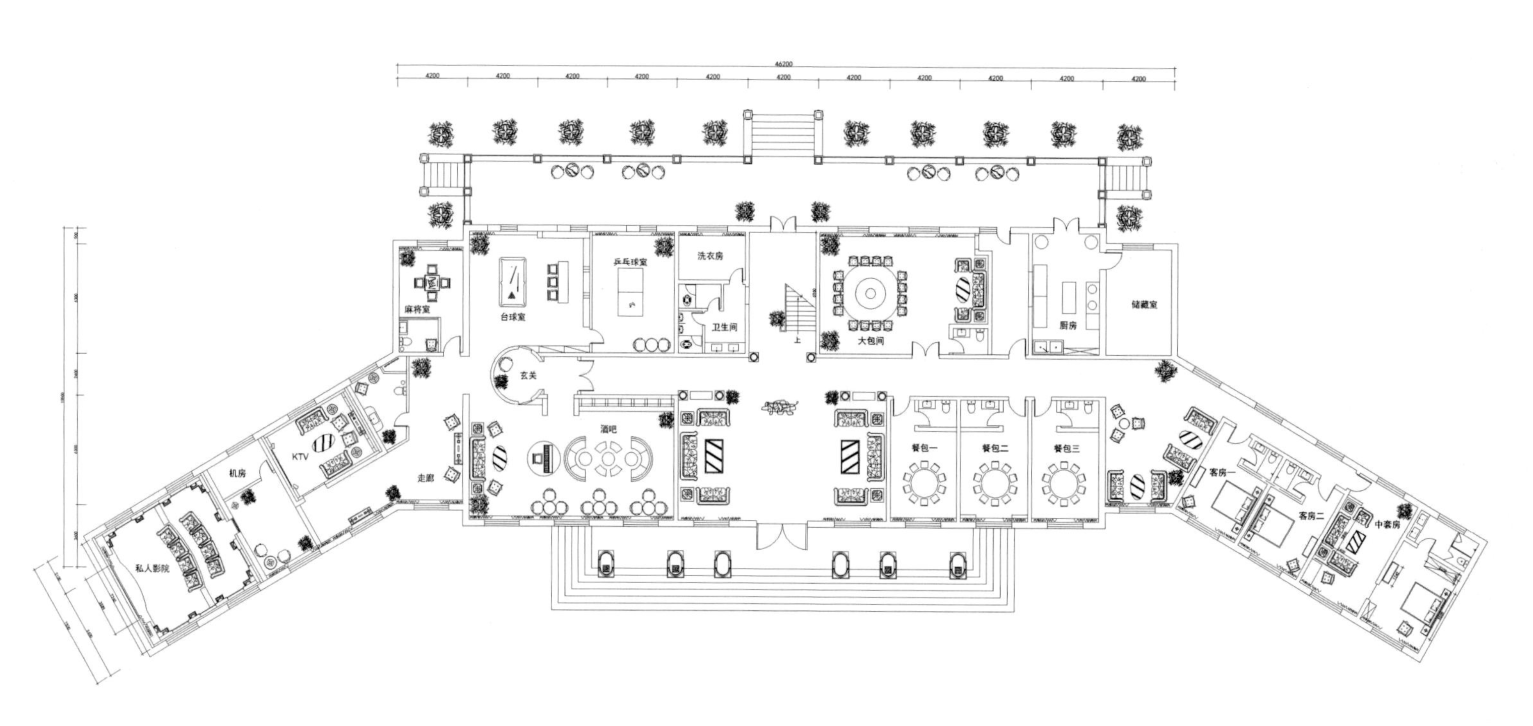
46200
麻将室
台球室
乒乓球室
洗衣房
卫生间
大包间
厨房
储藏室
玄关
酒吧
KTV
机房
走廊
私人影院
餐包一
餐包二
餐包三
客房一
客房二
中套房

一层平面图

西山颐居
THE FRAGRANT HILL RESIDENCE

项目名称 _ *西山颐居* / **主案设计** _ *吕爱华* / **项目地点** _ *北京市* / **项目面积** _ *300 平方米* / **投资金额** _ *150 万元* / **主要材料** _ *都芳、马可波罗、蜜蜂、科勒、泛美*

A 项目定位 Design Proposition

作品对城市需求与价值的独特挖掘角度此项目地处皇家御苑风景区，地理位置非常优越，设计定位为雅致华丽和轻松闲适并存的混搭风。

B 环境风格 Creativity & Aesthetics

作品在环境风格上的设计创新点。应业主要求，在保留原有旧家具的基础上，将楼上楼下做了风格区分，灰色楼梯和灰绿色墙面做风格过度衔接。

C 空间布局 Space Planning

作品在空间布局上的设计新点。原有楼梯在户型的正中间，从实用和风水上考虑，封闭原有楼梯口，将多出来的一个卫生间改造成楼梯间。

D 设计选材 Materials & Cost Effectiveness

作品在选材上的设计创新点。定制实木线条和壁纸搭配出美式墙板效果，美观又经济，花房采用环保防水墙泥喷涂，色彩和质感自然，而且易搭理。

E 使用效果 Fidelity to Client

此项目已入住约半年，业主表示非常满意并介绍新的委托设计项目。

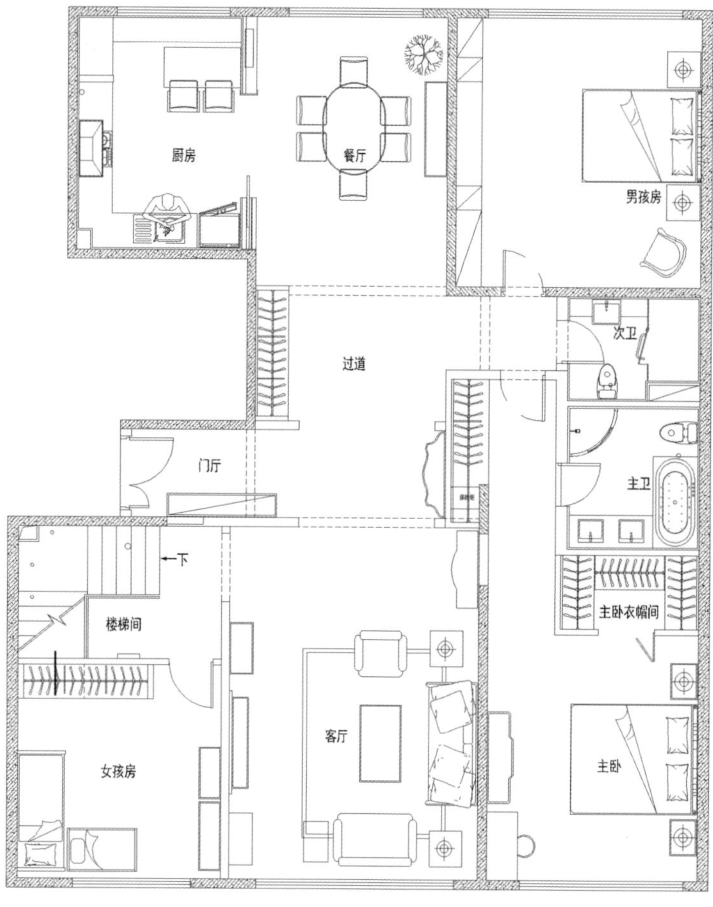

一层平面图

Family

My favorite food
Noodle
Strawberry & puffs
I LOVE...
I HAVE
7
teeth

金地紫乐府
THE PURPLE YUEFU

项目名称 _ *金地紫乐府* / **主案设计** _ *李新喆* / **项目地点** _ *天津市* / **项目面积** _*350 平方米* / **投资金额** _*400 万元*

A 项目定位 Design Proposition

在全球化的影响下，我们可以接触到世界上任何时间，地点的事物。当工艺和创意真实的反应其思想来源时，融合古典元素的设计是前卫的，当把历史以一种创新独特的方法协调在一起，成为一时的潮流时，当代古典设计风格会散发一种永恒感。

B 环境风格 Creativity & Aesthetics

其恰如其分的融入了周围的景观环境。

C 空间布局 Space Planning

餐厅的调光设计可以制造出不同的氛围。走廊的处理是整个项目中鱼的“鳍”部分，具有古典鱼现代的双重审美效果，完全塑造出空间的独特个性。

D 设计选材 Materials & Cost Effectiveness

整体方案主要的材料－石材，在造型上主要使用了石材雕刻的手法，使整个过道的公共空间显得看似简约又不失细节的刻画。在其他的空间则运用石材线条整体使空间有贯穿感。

E 使用效果 Fidelity to Client

从美学的角度来看，这里的一切都将给人们带来感官上的享受，如果是用一个词来表达，那一定是“激情”。将灵感，创造力完全应用于设计，不被任何因素约束，从而成功地打造了这一理想居所。

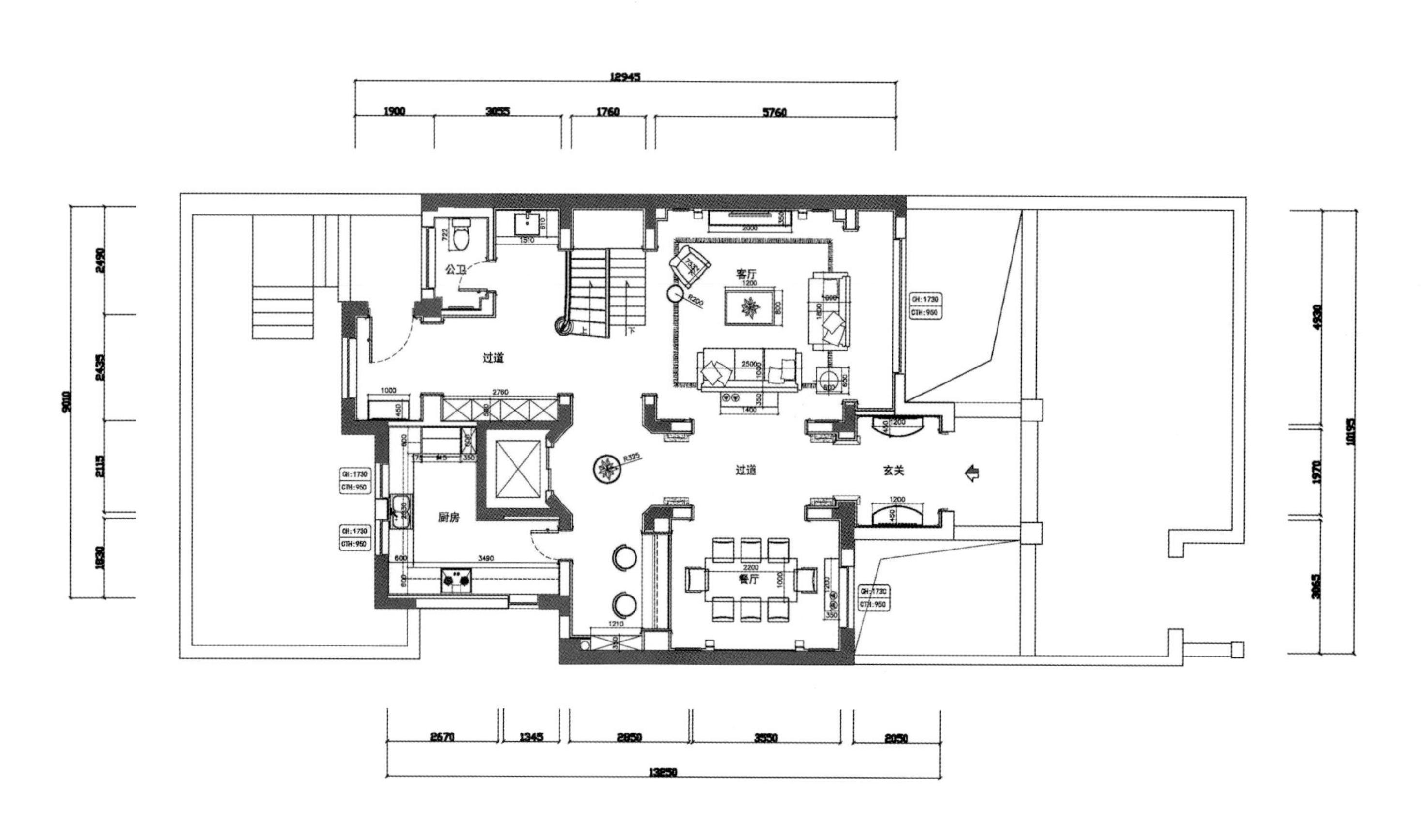

12945
1900
3035
1760
5760
公卫
过道
客厅
厨房
餐厅
玄关
2670
1345
2850
3550
2050
13250

一层平面图

SEILER

框景自然

CATCH NATURE IMAGE IN A FRAME

项目名称 _ *框景自然* / **主案设计** _ *郭侠邑* / **参与设计** _ *陈燕萍、杨桂菁* / **项目地点** _ *台湾省台北市* / **项目面积** _ *516 平方米* / **投资金额** _ *615 万元* / **主要材料** _ *百信磁砖*

A 项目定位 Design Proposition

整个建筑体是地下一层、地上二层，外墙以抿石子及天然石材包覆，让建筑体可以自行调节温湿度及收缩。大量使用天然石材、原木、黑铁、抿石子，让空间呈现最原始自然的元素，以利阳光、空气、水的自然对话。入口处运用细腻的墙体大小开窗方式，让视觉穿透并赋予内外框景的效果。取法自然的建筑概念，在视觉的导引上，透过前后景的堆栈，兼具维护隐私与美化地景，也营造一处氛围安全隐密却又无比舒适的环境。

B 环境风格 Creativity & Aesthetics

取法自然的建筑概念，在视觉的导引上，透过前后景的堆栈，兼具维护隐私与美化地景，也营造一处氛围安全隐密却又无比舒适的环境。

C 空间布局 Space Planning

入口的木质格栅、上方雨遮及大面积开窗设计，并计划性地将窗外的绿树、光影吸纳入内。让人可感受到时间的流转与光影的变化。地下室泳池半遮蔽设计——安全隐密，迎进阳光、空气、雨水和星月，成为与自然往来的出入口。

D 设计选材 Materials & Cost Effectiveness

大量使用天然石材（观音石、黄乱板、玄武岩、黑烧板、抿石子、石英砖、人造石）、原木（肖楠木、铁刀木、柚木、花梨杉）、黑铁、抿石子，让空间呈现最原始自然的元素，以利阳光、空气、水的自然对话。

E 使用效果 Fidelity to Client

利用五感：意、视、触、听、味的五感去体验生活。这才是真正的生活。
不管在业界、屋主及朋友中都获得好评价。

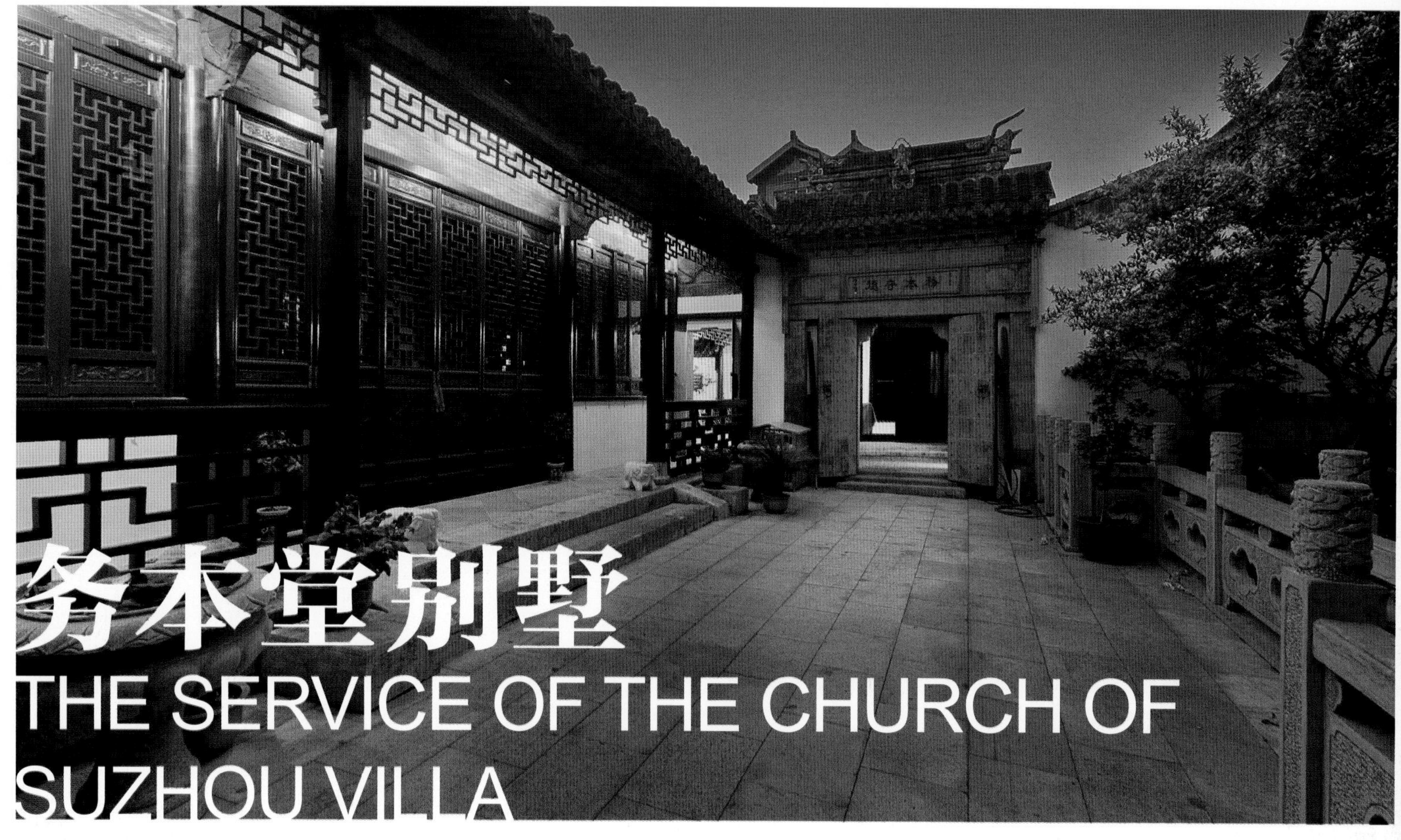

务本堂别墅
THE SERVICE OF THE CHURCH OF SUZHOU VILLA

项目名称 _苏州务本堂别墅 / **主案设计** _黄伟虎 / **项目地点** _江苏 苏州市 / **项目面积** _1000 平方米 / **投资金额** _1500 万元

A 项目定位 Design Proposition

由于政府对于大部分控制保护建筑的资金投入有限，很多控保建筑处于残破危房状态。鼓励民间有能力的个人或企业来买断或租赁。同时必须遵从国家对控保建筑相关的法律法规。这样不但可以减轻政府的财政压力，同时也很好的保存了这些有历史文化价值的老建筑。在不改变原有建筑状态的基础上让它发挥新的生命力。

B 环境风格 Creativity & Aesthetics

完善原来没有的假山水景与回廊，运用现代手法来塑造古建筑。使其保存原有中式风格的基础上，加强了园林式的改造，这样既保持中式园林风味的同时又能符合现代人居的喜好和审美感官。

C 空间布局 Space Planning

古为今用、为人服务是这套别墅设计最根本的思想。在内部空间上注入现代的设计思维方式，以期达到古建筑与现代人居生活模式的一个平衡点。

D 设计选材 Materials & Cost Effectiveness

局部采用新型材料及新式工艺，再结合软饰的搭配。有一种旧貌换新貌，枯木又逢春的新鲜感。

E 使用效果 Fidelity to Client

作品投入运营后，普遍反映良好，业主也感到非常满意。

務本堂
花木一庭得春氣
圖書萬卷生古香
晚看雲霞出海曙
暮聞山水多清香

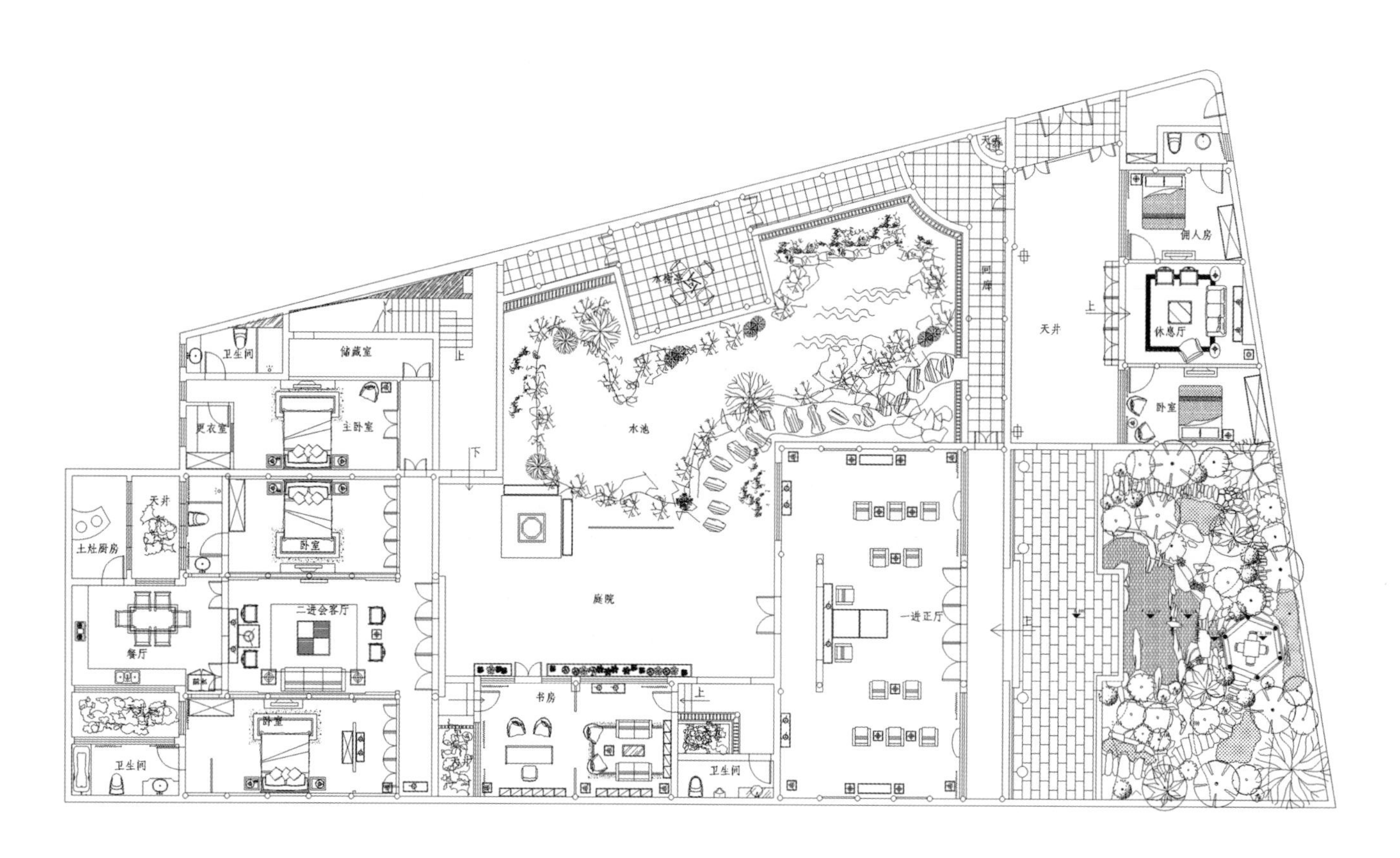

卫生间
储藏室
主卧室
更衣室
天井
土灶厨房
卧室
二进会客厅
餐厅
卧室
卫生间
书房
卫生间
水池
庭院
一进正厅
回廊
天井
佣人房
休息厅
卧室
上
下

一层平面图

于舍
YU HOUSE

项目名称 _ 于舍 / **主案设计** _ 许建国 / **参与设计** _ 刘丹、陈涛 / **项目地点** _ 安徽省合肥市 / **项目面积** _425 平方米 / **投资金额** _200 万元 / **主要材料** _ 原木、小白砖、石材

A 项目定位 Design Proposition

当下的生活已在不经意之间被我们复杂化了，多余而繁盛的设计常常会掩盖生活本身的需要，凸显人的精神空无。对于真正理解生活本质的现代人来说，更要倡导内心与外物合一，让生活回归质朴、舒适和宁静。

B 环境风格 Creativity & Aesthetics

本案设计师从地域环境，人物性格，东方之美出发，充满自然气息和人情味。将中国传统文化与现代生活结合，没有固定的风格只有不变的生活。

C 空间布局 Space Planning

通过精细的考量和规划，考虑到业主家人，从老人到小孩，所以在空间划分上也精雕细琢，一层公共空间倡导人文情怀，二层是老人房及客房，注重功能的便捷，三层是主人房空间，注重一体化，四楼女儿房则考虑到业主女儿的留学经历，融合法式风格，中西的完美切合。电梯口的按键设计，采用原木柱，使之突出表现对自然魂才是追随，灵性的阐述。

D 设计选材 Materials & Cost Effectiveness

采用大量的最优温度、最有感情的木质元素和天然材质，力图打造出一个充满自然气息和人情味的空间。原木，原石，一切自然生来自有的材料，随光线变化而变化的条形，柔和且富有生命力，兼具东方之神韵，纯真、宁静、自然，以纯净木色为本案主色调，突出格调清雅惬意。

E 使用效果 Fidelity to Client

设计师直取本质，表达朴素之美，从表面的艺术形式超脱出来，品味幽玄之美，从而远离都市喧嚣，让生活回归质朴、舒适和宁静。业主非常喜欢，同时业界也给与了很高的评价。

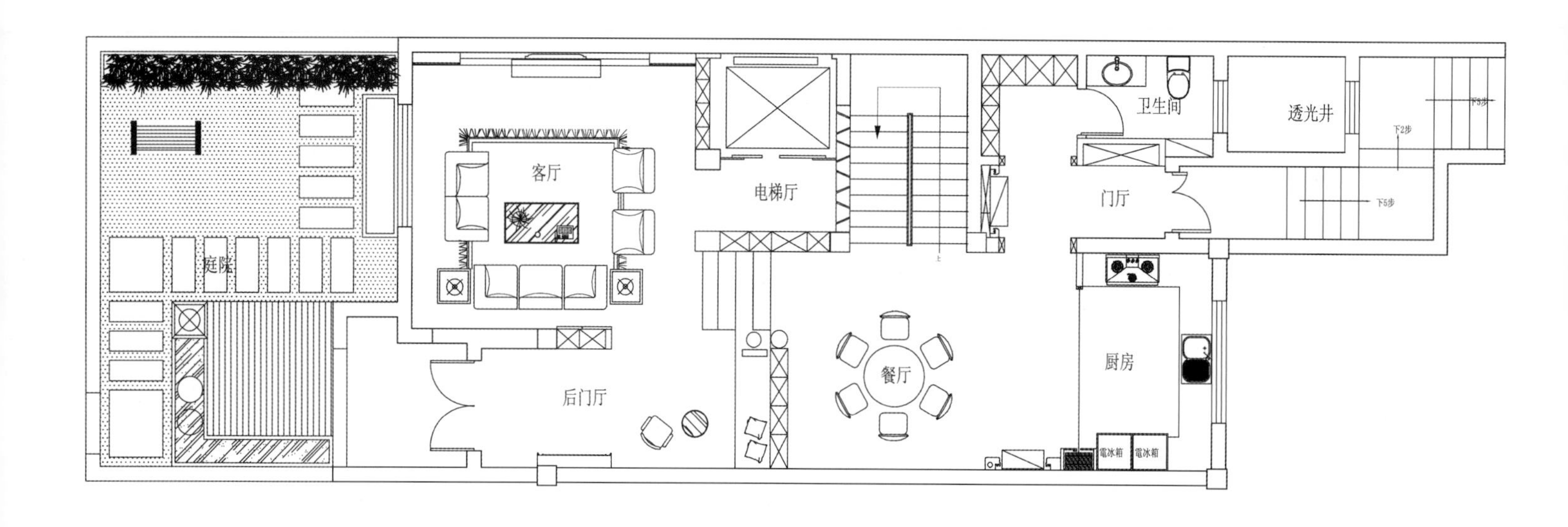

一层平面图

丰宁家园
FENG NING HOME

项目名称 _丰宁家园 / **主案设计** _张艳芬 / **项目地点** _云南省昆明市 / **项目面积** _230 平方米 / **投资金额** _65 万元 / **主要材料** _金意陶、法恩莎、世友、隆森、艾尼得、槟榔

A 项目定位 Design Proposition
光鲜的都市生活是令人羡慕的，但压力与繁忙也是这种生活的一个部分，懂得享受才令人鼓舞，生活上的富足，工作上的成就都要平衡，东南亚风格的流行，正是源于人们对都市生活的精神叛逃，渴望回归到自然中去，那些木纹，那些花草，传达出对自然的亲近与崇拜。

B 环境风格 Creativity & Aesthetics
混搭，自由主义。

C 空间布局 Space Planning
室内造型以直线为主，线条简洁，注重实用功能，格局进行了比较大的调整。

D 设计选材 Materials & Cost Effectiveness
优质的天然材质，委婉的东方神韵，为空间带来不一样的享受。

E 使用效果 Fidelity to Client
家居中融入了精神世界，让家人身心健康，生活得舒适自然，气定神闲，家庭气场和谐，生活有意思也有意义。

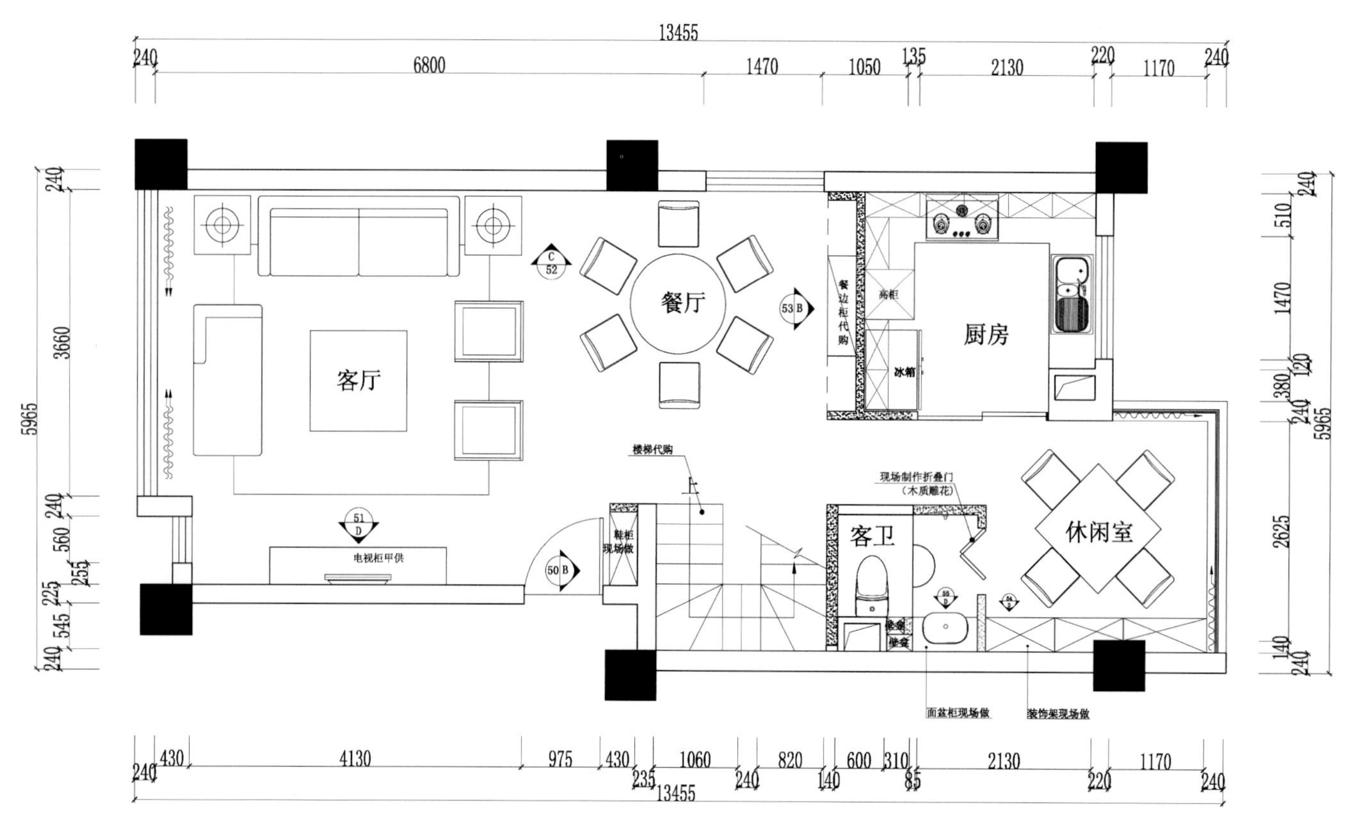
13455
240
6800
1470
1050
135
2130
220
1170
240
客厅
餐厅
厨房
餐边柜代购
高柜
冰箱
楼梯代购
现场制作折叠门
（木质雕花）
客卫
休闲室
电视柜甲供
鞋柜现场做
面盆柜现场做
装饰架现场做
5965
3660
510
1470
2625
430
4130
975
1060
820
600
310
235
140
85

一层平面图

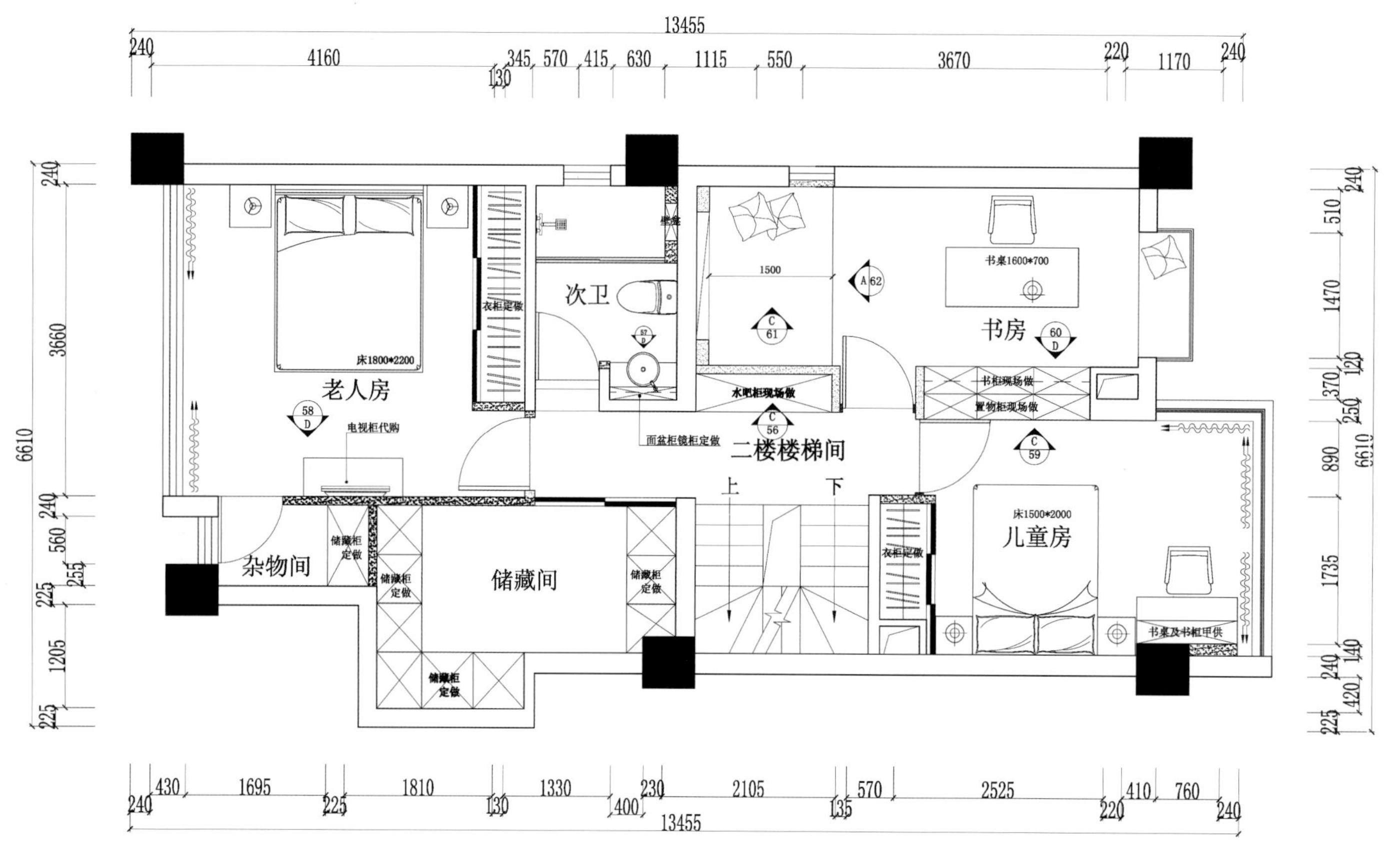

13455
240
4160
345
570
415
630
1115
550
3670
220
1170
130
老人房
床1800*2200
衣柜定做
电视柜代购
次卫
面盆柜镜柜定做
水吧柜现场做
二楼楼梯间
上
下
书房
书桌1600*700
书柜现场做
置物柜现场做
儿童房
床1500*2000
衣柜定做
书桌及书柜甲供
杂物间
储藏柜定做
储藏间
3660
6610
560
225
255
1205
510
1470
120
370
250
890
1735
140
420
430
1695
225
1810
130
1330
400
230
2105
135
570
2525
220
410
760

二层平面图

汀香十里
TEN IN CHANGSHA TING INCENSE

项目名称_长沙汀香十里 / **主案设计**_陈新 / **项目地点**_湖南省长沙市 / **项目面积**_300 平方米 / **投资金额**_98 万元

A 项目定位 Design Proposition

“情景虽有在物之分，而景生情，情生景，哀乐之触，荣悴之迎，互藏其宅”。
以情感为核心，物我同一，是中国人理想的生活方式：建立一种人与环境和谐统一的美妙境界，让情感成为中介，将主体的人与客体的空间融合起来。

B 环境风格 Creativity & Aesthetics

传统的中式风格是本案的设计重点，整个设计疏密有致，空间的装饰风格以沉稳持重为主，在把握空间内在气质的同时将文化的意味化为装饰语言，通过各种材质表现到作品中，是本空间的特色。

C 空间布局 Space Planning

客厅在硬性营造上的简约、大气、沉稳为主，主背景墙的大面积砂岩雕饰面与白色的墙面，藏光部分会带来通灵舒适的心境，棕色的太师椅、胡桃木的窗棂，古色古香的摆设使之带来一份文化的意蕴，客厅中的家具是古代与现代相结合，包括天花上的吊灯，虽简约大方，但仍然处处蕴涵着传统文化元素。
厨房和餐厅，形分神连，功能区的划分既完整又主次分明。主卧房从功能到形式，无不体现着尊贵的人居空间的矜贵、高雅。洗手间和卧室的划分形分神连。

D 设计选材 Materials & Cost Effectiveness

整套居室在材质的运用上不拘一格，却遵循着统一的设计意蕴，空间的手法意到笔止，流淌着一股内在的气韵，人居环境与精神结合，使居室文化境界为之升华。

E 使用效果 Fidelity to Client

非常满意。

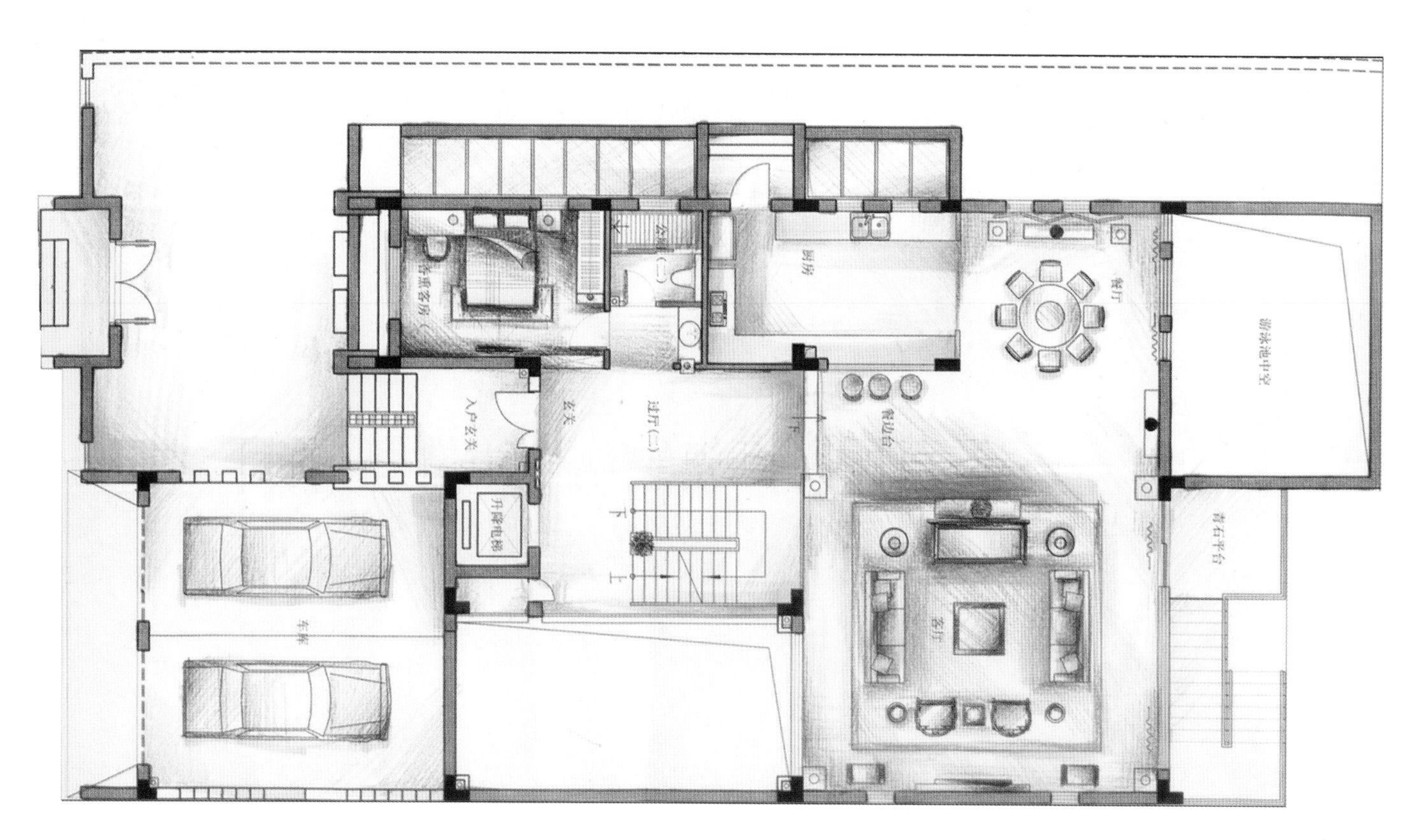

一层平面图

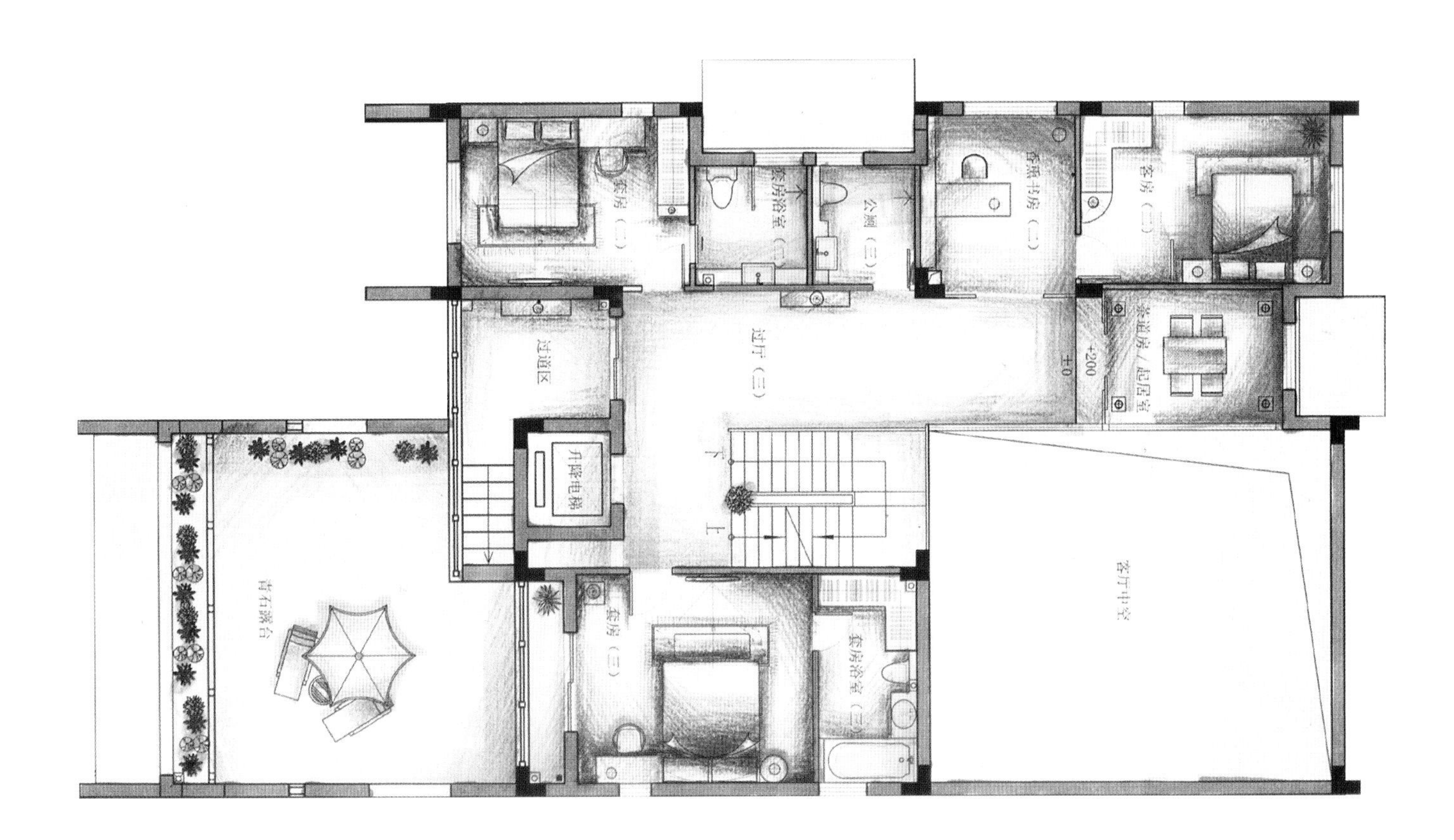
套房
套房浴室
公厕（三）
套房书房（二）
客房
茶道房／起居室
+200
±0
过道区
过厅（三）
升降电梯
下
上
青石露台
客厅中空
套房（三）
套房浴室（三）

二层平面图

金地西山意境

JINDI XISHAN LIFE

项目名称 _金地西山意境 / **主案设计** _王小根 / **参与设计** _刘跃龙、单丽 / **项目地点** _北京市 / **项目面积** _370 平方米 / **投资金额** _280 万元 / **主要材料** _星晖壁纸、7 号石酷

A 项目定位 Design Proposition

作品对业主居住需求、生活价值的独特挖掘角度：在西山门头沟是一个三山环抱享有得天独厚的位置上建造的高端稀缺别墅。

B 环境风格 Creativity & Aesthetics

将法式新古典格调与现代抽象艺术元素相结合，并加入少量东方元素，营造出庄重典雅而不失现代的居家氛围。

C 空间布局 Space Planning

整个户型设计布局舒适开阔，空间注重顺畅的动线与视觉的通透感觉，客厅的挑空设计使空间更开放、明亮、有活力。让原有空间的流线感更舒适方便。

D 设计选材 Materials & Cost Effectiveness

采用环保的新材料让空间成本、视觉效果得到最大限度满足。

E 使用效果 Fidelity to Client

得到了业主、客户、媒体朋友的一致好评。

Vintage
Glamour

尽享法式奢华之美

ENJOY THE FRENCH LUXURY BEAUTY

项目名称 _尽享法式奢华之美 / **主案设计** _王春 / **参与设计** _曹彦林、郭芳 / **项目地点** _江苏省昆山市 / **项目面积** _580平方米 / **投资金额** _400万元 / **主要材料** _奥特曼大理石、黑金花大理石、仿石材地砖、进口墙纸、香槟色银铂、花梨木饰面擦色等

A 项目定位 Design Proposition

整体方案在策划方面特别考虑到国人对于法式的接受程度与审美标准，因此在设计策划与市场定位方面为法式新古典奢华风格，需要有一定经济实力与对高品位生活追求的人士才能驾驭。

B 环境风格 Creativity & Aesthetics

创作中不断追求创新，不断追求完美，环境风格上摒弃巴洛克与洛可可时期的繁琐造型手法，在本案设计中更多的是提炼经典元素，再与现代材料及现代施工工艺相结合。更加简练大气又不失法式贵气。

C 空间布局 Space Planning

布局空间上充分考虑空间的延伸感与视觉延伸感，减少包厢式的感觉，让整个空间在大的同时又具有很强的空间层次感。

D 设计选材 Materials & Cost Effectiveness

新的时代、新的材料、新的施工工艺，选材在一楼公共区域更多的采用了奥特曼大理石做墙面造型，地面采用最新的仿石材地砖，顶面局部采用了不同寻常的香槟色银铂做为点缀。

E 使用效果 Fidelity to Client

非常满意。

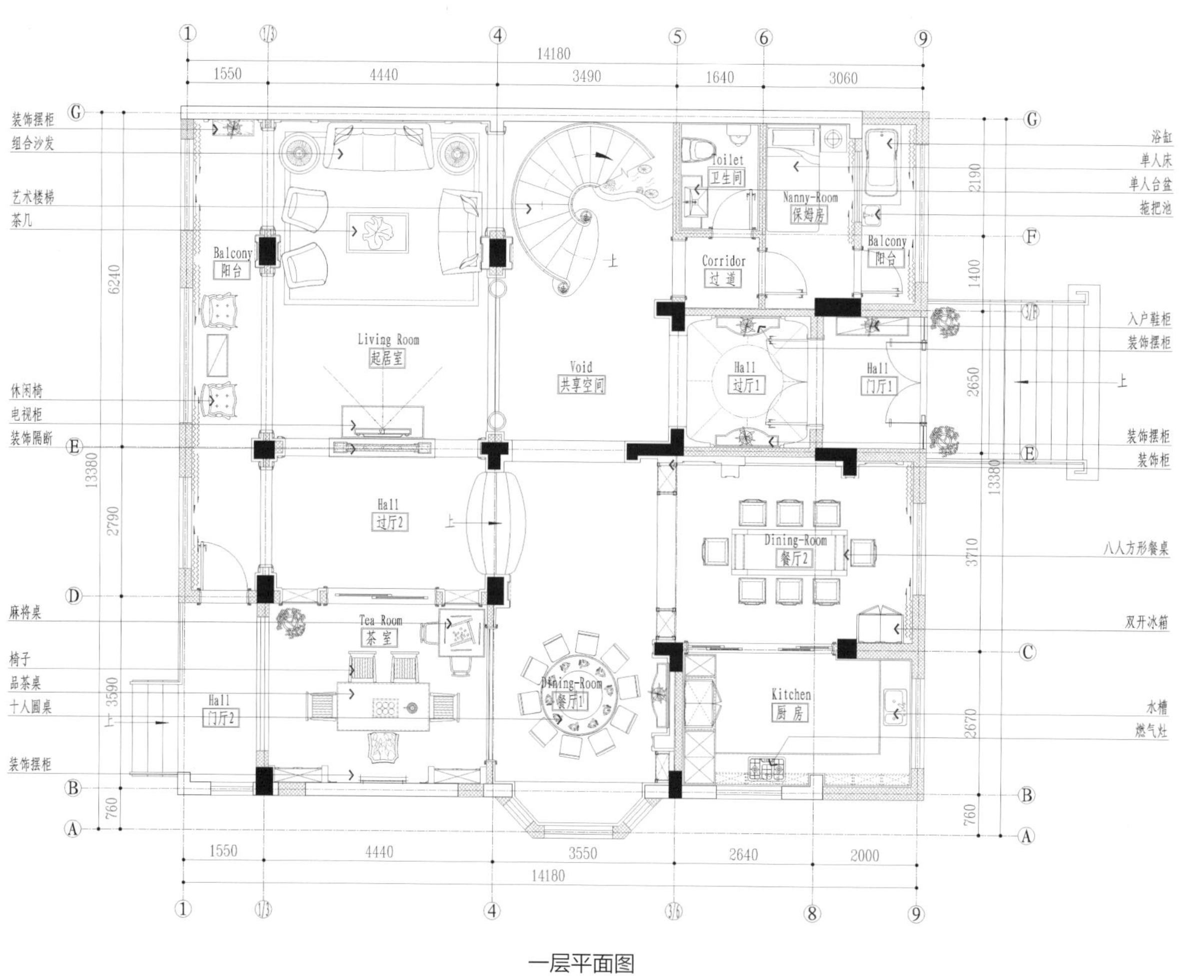
装饰摆柜
组合沙发
艺术楼梯
茶几
休闲椅
电视柜
装饰隔断
麻将桌
椅子
品茶桌
十人圆桌
装饰摆柜
浴缸
单人床
单人台盆
拖把池
入户鞋柜
装饰摆柜
装饰摆柜
装饰柜
八人方形餐桌
双开冰箱
水槽
燃气灶
Toilet
卫生间
Nanny-Room
保姆房
Balcony
阳台
Balcony
阳台
Corridor
过道
Living Room
起居室
Void
共享空间
Hall
过厅1
Hall
门厅1
Hall
过厅2
Dining-Room
餐厅2
Tea Room
茶室
Dining-Room
餐厅1
Kitchen
厨房
Hall
门厅2
14180
1550
4440
3490
1640
3060
1550
4440
3550
2640
2000
14180
6240
2790
3590
760
13380
2190
1400
2650
3710
2670
760
13380

一层平面图

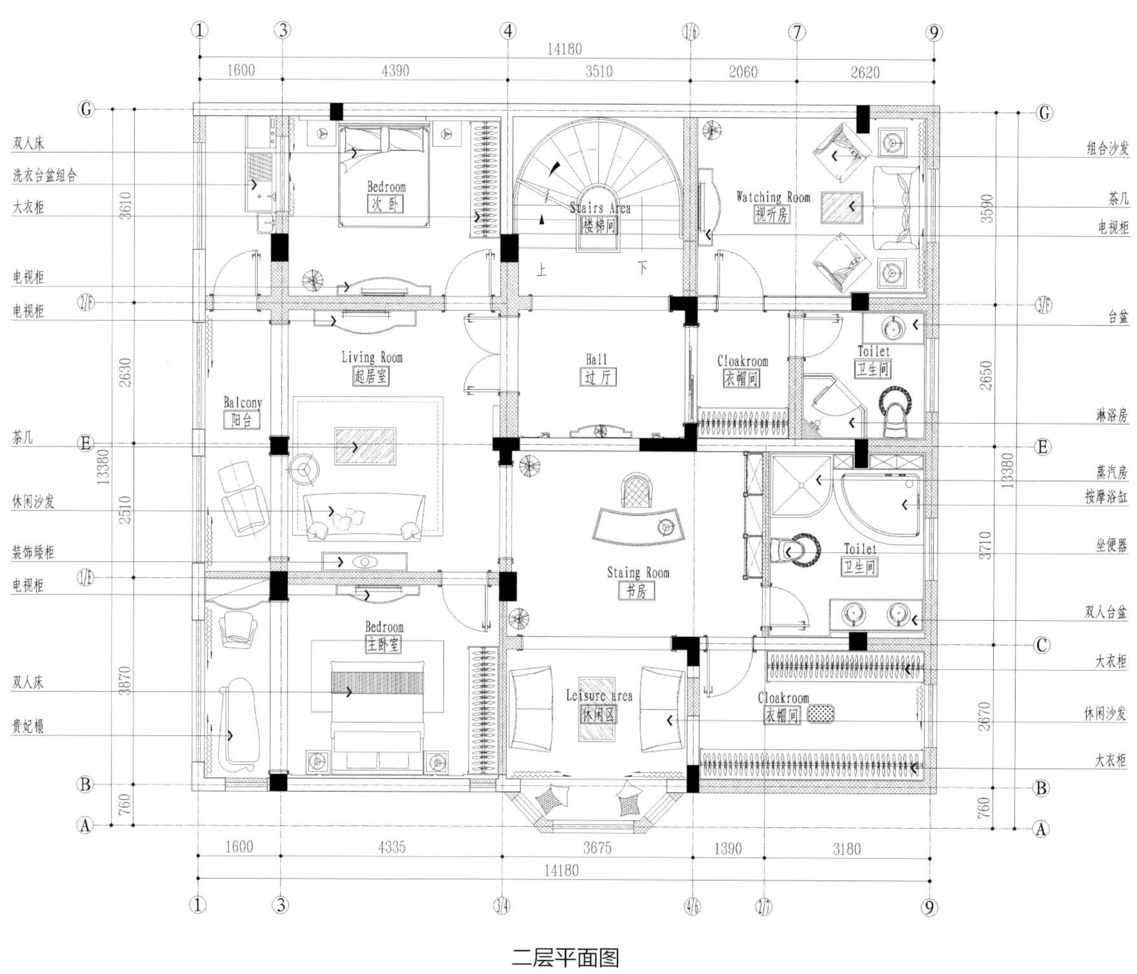
14180
1600
4390
3510
2060
2620
双人床
洗衣台盆组合
大衣柜
电视柜
电视柜
茶几
休闲沙发
装饰矮柜
电视柜
双人床
贵妃榻
组合沙发
茶几
电视柜
台盆
淋浴房
蒸汽房
按摩浴缸
坐便器
双人台盆
大衣柜
休闲沙发
大衣柜
Bedroom
次卧
Stairs Area
楼梯间
上
下
Watching Room
视听房
Living Room
起居室
Hall
过厅
Cloakroom
衣帽间
Toilet
卫生间
Balcony
阳台
Staing Room
书房
Toilet
卫生间
Bedroom
主卧室
Leisure area
休闲区
Cloakroom
衣帽间
3610
2630
2510
3870
760
13380
3590
2650
3710
2670
760
13380
1600
4335
3675
1390
3180
14180

二层平面图

项目名称 _ 恋恋乡村风 / **主案设计** _ 任方远 / **参与设计** _ 丁洁华 / **项目地点** _ 北京市 / **项目面积** _560 平方米 / **投资金额** _285 万元 / **主要材料** _ 美克美家、长谷瓷砖、庄森木门、乐家卫浴等

A 项目定位 Design Proposition

在该项目的设计中，除去满足空间的功能性和完整性之外，与空间中融入一个完整的故事，体现“家”的精神面貌，是本案最大的诉求。

B 环境风格 Creativity & Aesthetics

本案以“享受”为设计的最高原则，使居住环境带有浓浓的乡村气息。在空间的处理上，对外的部分开阔流畅，以满足家庭生活的多样需求。家具强调舒适度和生活机能，色彩或自然清新，或饱和艳丽。

C 空间布局 Space Planning

简单清灵的文字，闲适淡雅的风光，那份宁静温馨气息扑面而来。推开家门，淡雅、柔和的色调搭配简单舒适的装饰，为主人涤洗去一身的疲惫与铅华，只留家的温暖。卸去工作中的烦劳，脱去束缚精神的外衣，走进客厅，鲜亮的蓝色映入眼帘。窝进沙发小憩一会，饮一杯水，彻底放松身心。打开电视，观赏轻松的音乐与节目，将坏心情打包，抛出窗外。绕过会客厅，开放的起居空间延续会客厅。本色的棉麻和鲜艳色彩的点缀，充满自然和原始的感觉。休息过后，进入开放式餐厅与厨房，奶黄色墙面与碎花窗幔共同构成家庭生活的重心——厨房。简洁、清新的厨房展示了美食的制作过程，昏黄的灯光展示最美味的就餐区。与厨房相对的餐厅的另一侧，设置了一个便餐区，坐在这里不仅可以吃饭、读书、喝咖啡，还可以欣赏一顿美食的烹饪过程，感受爱人的呵护与家的温暖。用过美食，躺在床上，花朵状态的铁艺灯饰引入眼帘。舍弃繁复的雕花、晶莹剔透的水晶，只留下质朴的花朵，回归自然之美；周边原木色地板，黑色实木大床搭配散发着泥土芬芳的床单，简单却富含情调。

D 设计选材 Materials & Cost Effectiveness

将古典的家具平民化，讲求简化的线条、粗犷的体积和棉麻质地的布艺，加入一些小碎花布艺、铁艺、陶艺制品。家具陈设的自然、怀旧，饰品、色彩的闲适、简单，摒弃生活中的繁杂，涤荡工作的繁重，只为自然之美。

E 使用效果 Fidelity to Client

随意舒适的乡村风格，满足最初的将家变成释放压力、缓解疲劳的地方。此案的最终效果得到了业主及更多别墅客户的肯定。

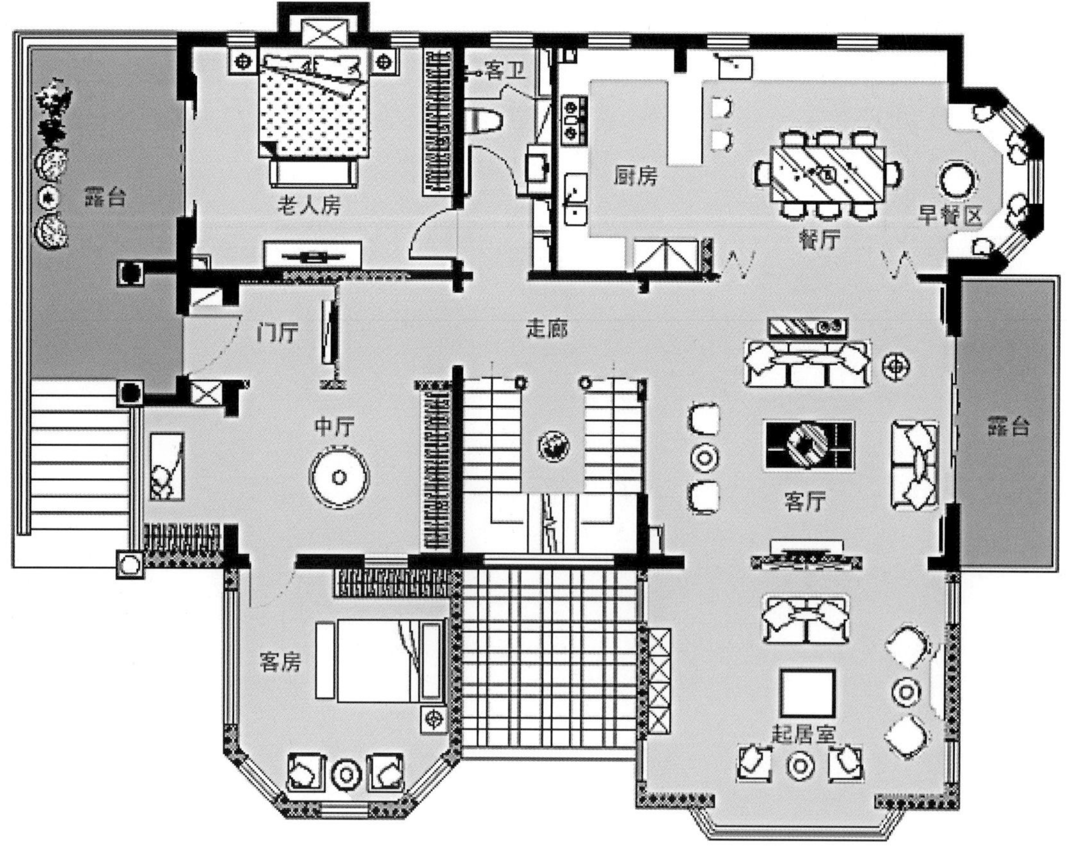

一层平面图

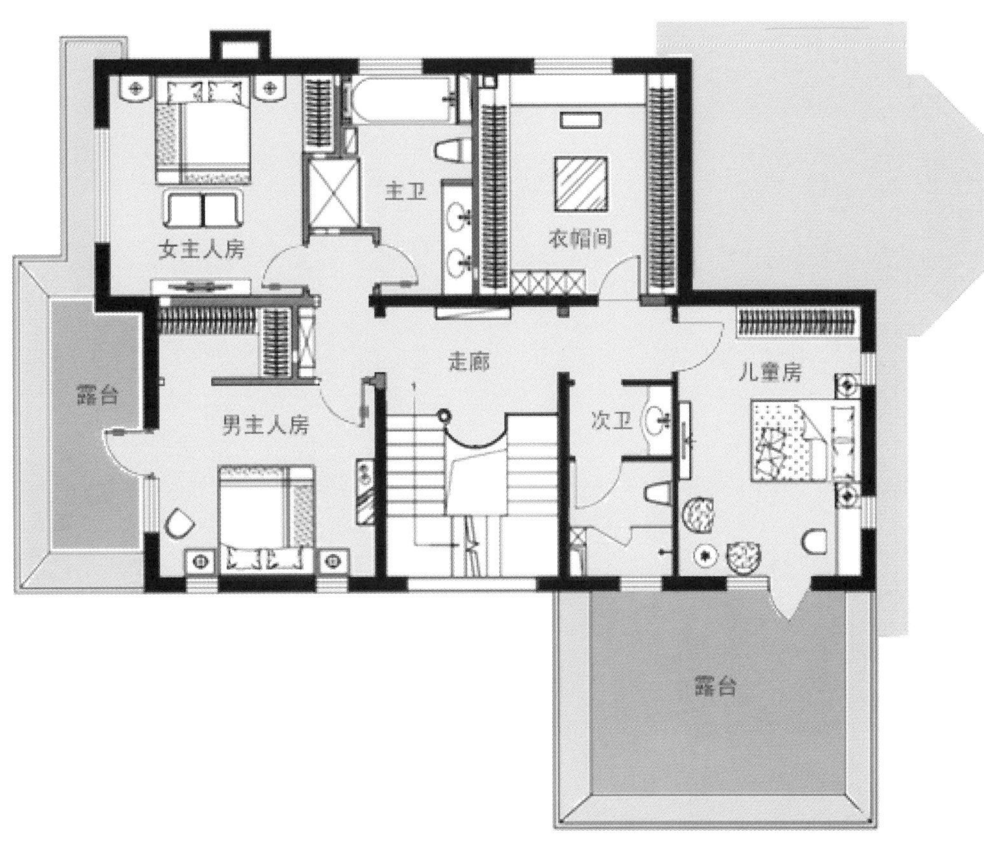

二层平面图

古典新生
CLASSICAL NEWBORN

项目名称 _ 杭州大华西溪悦宫私宅 · 古典新生 / **主案设计** _ 池陈平 // **项目地点** _ 浙江省杭州市 / **项目面积** _500 平方米 / **投资金额** _500 万元 / **主要材料** _ 米洛西

A 项目定位 Design Proposition

这是大华西溪内一个欧式新古典主义别墅装饰案例。新古典主义虽然摒弃了古典主义过于复杂的肌理和装饰，却仍然不减欧式奢华风采，从整体到局部，从简单到繁杂，精雕细琢，镶花刻金都给人一丝不苟的印象。本案更是将欧式新古典主义的奢华风范演绎到极致，整个别墅装饰不论是空间布局，色彩搭配还是家具饰品，都散发着华贵高雅的韵味。

B 环境风格 Creativity & Aesthetics

带点中式元素的玄关设计，还没进门，就感觉到了那股高雅的韵味。暗红的门，金黄的墙纸，搭配白色的玄关柜和素雅的装饰画，明亮大方，给人以开放、宽容的非凡气度，让人丝毫不显局促。

C 空间布局 Space Planning

在客厅装饰中，设计师依旧延用新古典主义风格常用的水晶灯来渲染空间的奢华感；无论是沙发、茶几，还是地毯、窗帘，新古典的精雕细琢、镶花刻金都表现的淋漓尽致。

D 设计选材 Materials & Cost Effectiveness

沉稳的灰色复古花纹沙发彰显精致奢华，金色镶边的骨瓷茶具，华丽却不失清雅。回字形的楼梯设计，不仅衔接着别墅室内空间，更加增添了空间美感与设计感。

E 使用效果 Fidelity to Client

精致奢华别墅生活当然少不了影音室和酒柜。深色沙发，搭配艳丽的地毯，相得益彰，精致的欧式图案装饰更显华丽；窗台上的复古留声机，无声胜有声。

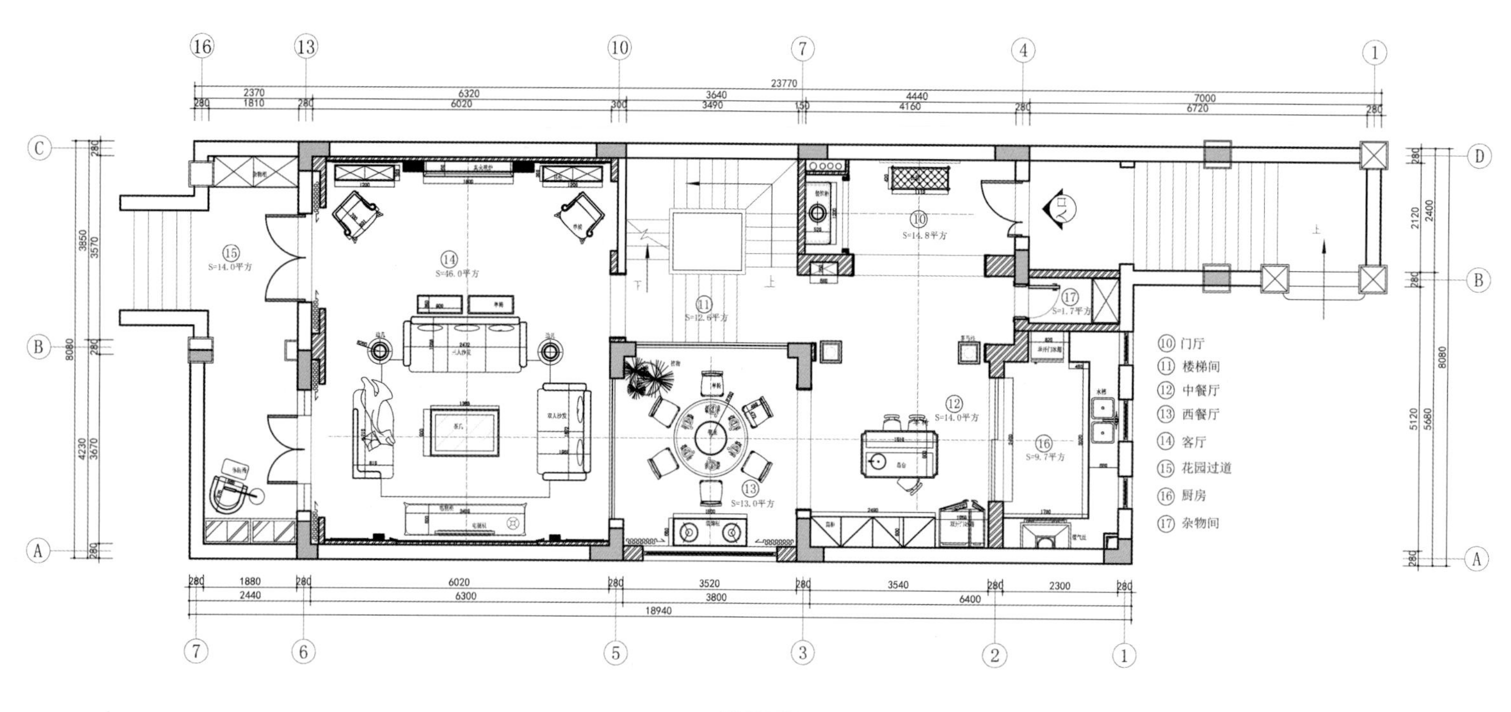

一层平面图

栖园—漫步水云间

NANJING HABITAT GARDEN-IN THE WATER AND CLOUDS

项目名称 _ 栖园—漫步水云间 / **主案设计** _ 沈烤华 / **参与设计** _ 崔巍、潘虹 / **项目地点** _ 江苏省南京市 / **项目面积** _245 平方米 / **投资金额** _150 万元 / **主要材料** _ 科勒卫浴、长谷瓷砖、亨建会实木定制家具及木作、帝柏实木厨柜、中军冷暖、西门子电器、锦辉灯饰、泰斯特硅藻泥、巴里巴特家具、智山仁水庭院景观

A 项目定位 Design Proposition

本案所有的硬装、软装都是由设计师的工作室全权负责的。大到家具、电器，小到晾衣架、装饰画、保险柜，都是工作室全程采购。

B 环境风格 Creativity & Aesthetics

美式家居风格的这些元素也正好迎合了时下的文化资产者对生活方式的需求，即：有文化感、有贵气感，还不能缺乏自在感与情调感。漫步于云水间，体现的既是一份从容心态，也是一种优雅格调。

C 空间布局 Space Planning

结构方面，本案原始户型存在一些问题，墙面多个柱子凸出明显。设计师通过对空间的专业改造，使之更加顺畅，并巧妙地利用阳台的面积，将书房与客厅融为一体，大大地提高了空间的利用率。书房部分，顶部原本有几根大梁，十分突兀。设计师利用大梁的尺寸，专门做了吊顶处理，使大梁成为一个方块的形状，与整个空间的气质相契合，令人犹如漫步水云间。

D 设计选材 Materials & Cost Effectiveness

因为业主夫妇有两个小孩，所以本次设计中绿色环保成了首要考量的问题。为此，家中所有的门、门套、窗套、家具都是设计师专门设计之后再找厂家实木定制的。其次，使用天然的硅藻泥代替墙纸，从而把材料给人带来的不适降至最低。由于大部分墙面都很干净，没有做过多的造型，所以设计师在客厅、主卧室的顶面别具一格地使用了定制的成品石膏线条，避免了空间的单调感。

E 使用效果 Fidelity to Client

储物空间较多，这很好地保证了家庭生活的实用性。因着业主对设计师的信任，本次装修从家具、电器到碗盘、花盆等，均是设计师的工作室全程采购。这样用心的设计与服务，自然令业主夫妇十分满意。

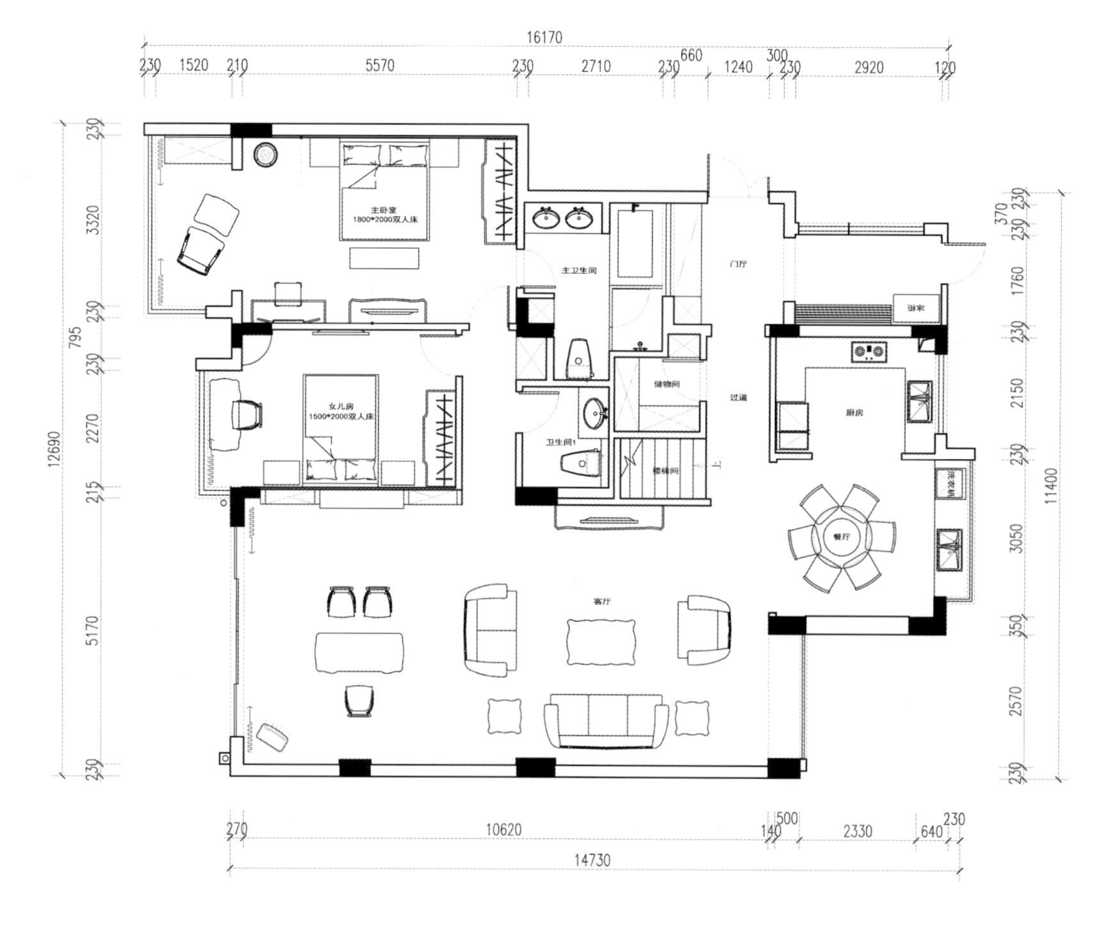
16170
230 1520 210 5570 230 2710 230 660 1240 300 230 2920 120
主卧室
1800*2000双人床
主卫生间
门厅
储物间
过道
厨房
女儿房
1500*2000双人床
卫生间1
楼梯间
洗衣机
餐厅
客厅
12690
230 3320 230 795 230 2270 215 5170 230
11400
230 370 230 1760 230 2150 230 3050 350 2570 230
270 10620 140 500 2330 640 230
14730

一层平面图

依岸康堤
YI AN KANG DI

项目名称 _ *依岸康堤* / **主案设计** _ *徐庆良* / **参与设计** _ *彭伟赞、黄缵全* / **项目地点** _ *广东省佛山市* / **项目面积** _ *450平方米* / **投资金额** _ *200万元* / **主要材料** _ *丰年玉石*

A 项目定位 Design Proposition
针对事业有成的都市精英、年轻化的成功人士、注重生活品味、品质的生活家、讲究个性享受的高收入群体 。

B 环境风格 Creativity & Aesthetics
以简洁优雅的设计手法，打造出一种高品质、低调奢华的现代生活空间，创造了全新的生活方式，让静谧的空间开启了低调奢华的旅程。

C 空间布局 Space Planning
项目是栋多层连排别墅，原本的建筑结构存在不足，通过对空间结构的调整，梳理出清晰便捷的垂直动线，解决了建筑采光、通风及对流的问题，通过天井等引入光线，让空间变得更加明亮舒适，与自然更加融为一体。

D 设计选材 Materials & Cost Effectiveness
用透光石、毕加索奢华石。

E 使用效果 Fidelity to Client
大大提升了产品的附加值，同样的花费得到更好的空间，更多实用率空间。

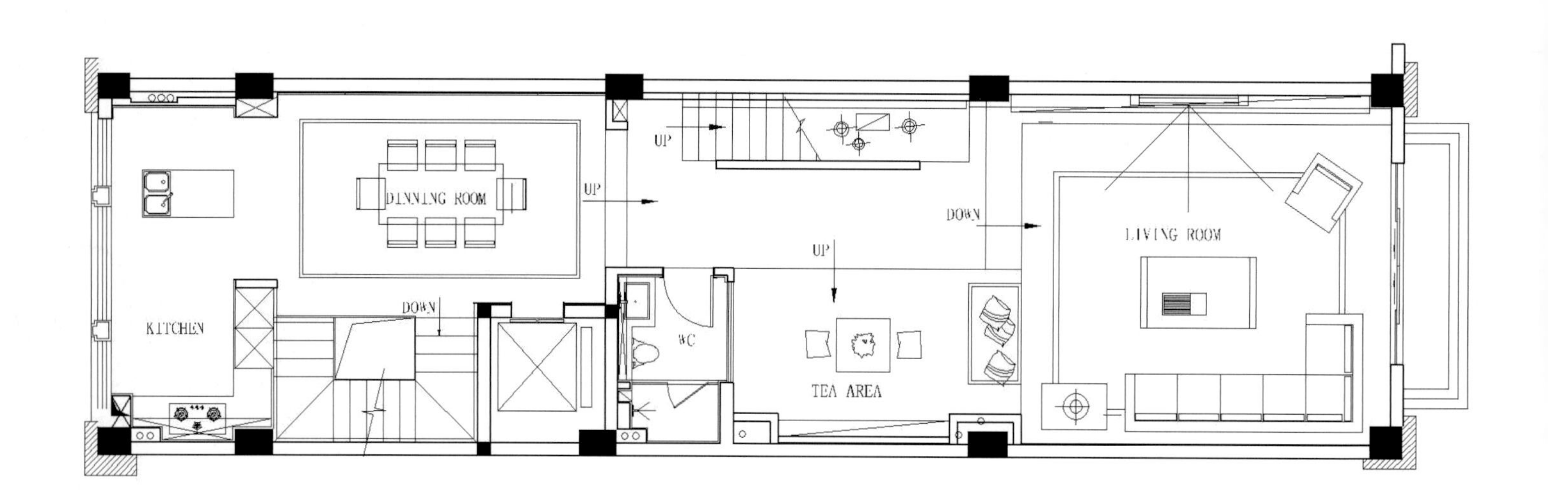
UP
DINNING ROOM
UP
DOWN
LIVING ROOM
UP
KITCHEN
DOWN
WC
TEA AREA

二层平面图

江鸿·铂蓝郡 BOLANJUN

项目名称 _ *江鸿·铂蓝郡* / **主案设计** _ *王卫* / **项目地点** _ *山西省大同市* / **项目面积** _*400 平方米* / **投资金额** _*400 万元* / **主要材料** _ *瓷砖意大利 IRIS、木门、橱柜、洁具西班牙乐家、家具定制*

A 项目定位 Design Proposition

此风格的设计适合客户在装修了多套欧式别墅后的另一类的住宅需求，及有高度现代风格的认可与内敛的时尚需要的一种设计风格，部分年轻群体及减去浮躁的成功企业家。

B 环境风格 Creativity & Aesthetics

设计风格现代风格，度假性别墅。

C 空间布局 Space Planning

业主提供了很大的发挥空间，将车库改造为影音室，楼梯的处理为此套二层别墅的入户亮点，厨房和客厅的承重墙体的改造令别墅具有了别样的互动性。

D 设计选材 Materials & Cost Effectiveness

有高度现代风格的认可与内敛的时尚需要的一种设计风格，部分年轻群体及减去浮躁的成功企业家。

E 使用效果 Fidelity to Client

非常好。

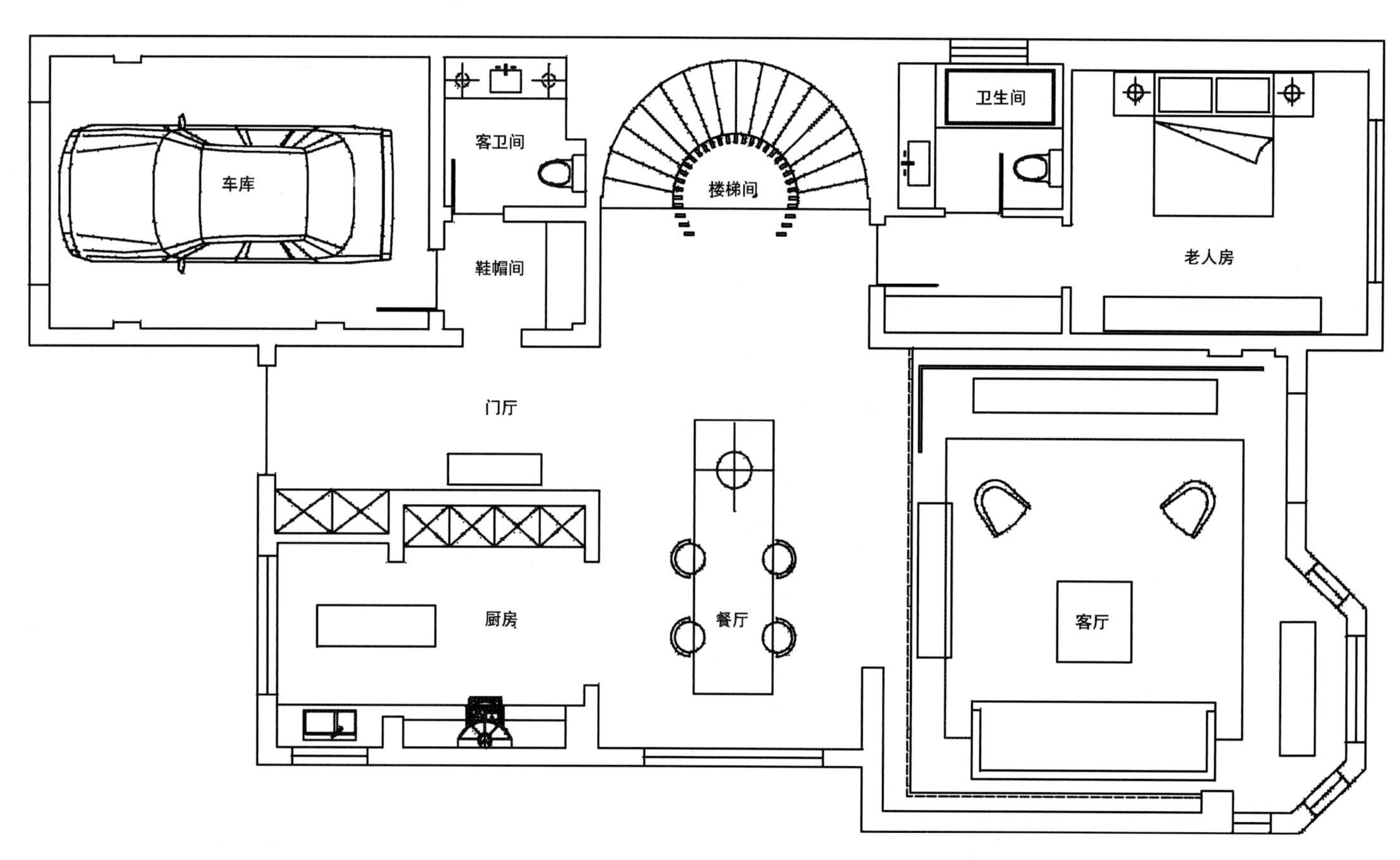

一层平面图

中海文华熙岸邓宅

FOSHAN CHINA MANDARIN CITY SHORE DENG VILLA

项目名称 _ *中海文华熙岸邓宅* / **主案设计** _ *黎广浓* / **参与设计** _ *唐列平* / **项目地点** _ *广东省佛山市* / **项目面积** _*530 平方米* / **投资金额** _*200 万元* / **主要材料** _ *大自然实木地板、德国艾仕、弘业地毯等*

A 项目定位 Design Proposition

以我们对传统文化深刻的理解展开全新的创意与分享，并书写精致生活与文化韵味，让人置身于生活的真实感动中。

B 环境风格 Creativity & Aesthetics

玄关墙面大片的自然质感凹凸石面，立体感观，配以中式案台，以及实木条制作的壁式鞋柜，光影交错富有韵味；餐厅线条简洁，格调高雅，沉稳的黄金海岸大理石地面凸显灰色餐椅，与灰色装饰壁柜交相辉映，美观实用，与远端深色的实木凹凸墙面形成视觉上的冲击，无不是在勾勒现代东方文化；使整体空间感觉大而不空，厚而不重，有格调又不显压抑。

C 空间布局 Space Planning

空间动静相宜，轻掀墙面薄帘美景尽收眼底，书房清雅，静心凝神，极简中式的家具，稳重大方，灯光弱弱相宜，享受宁静致远的心境，卫生间功能使用美观，演绎不一样的品质生活。

D 设计选材 Materials & Cost Effectiveness

为塑造一个张力感极强的生活空间，客厅整体以深色为主调，电视背景以横纹黄金海岸大理石与马赛克拼贴的花卉图案相辉映，以及白色长条的大理石电视台面，富有现代感及人文气息。

E 使用效果 Fidelity to Client

恬静淡雅的空间以现代主义手法诠释，带我们进入中式的风雅意境，空间散发淡然悠远的人文气韵，简约优美的家具搭配，适应现代人对生活品质的追求。

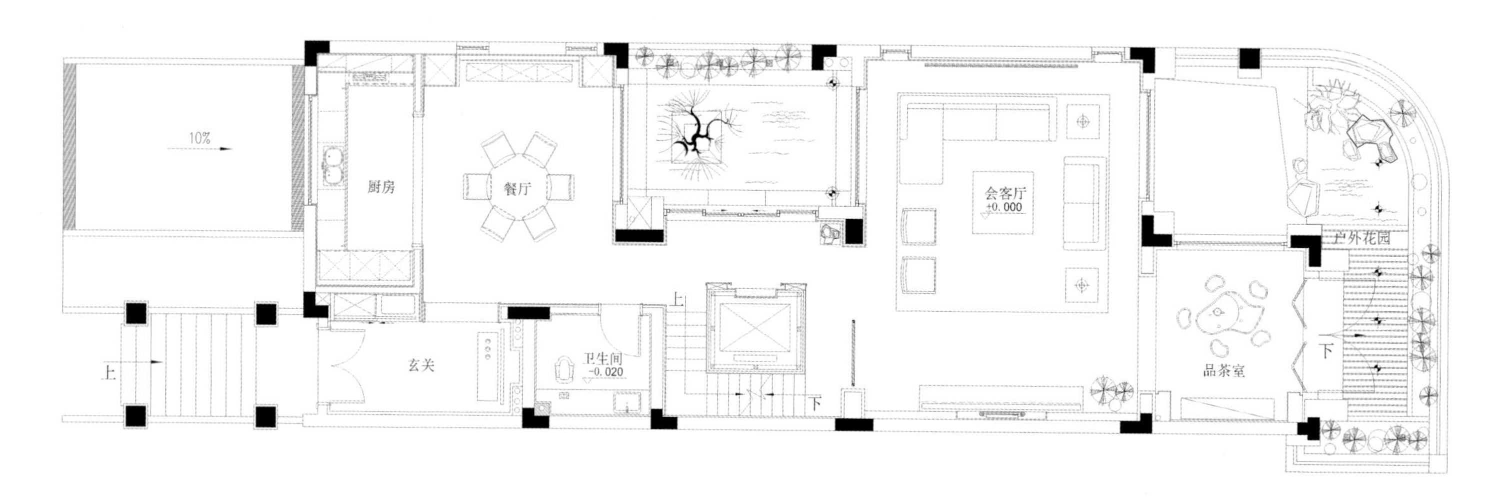

一层平面图

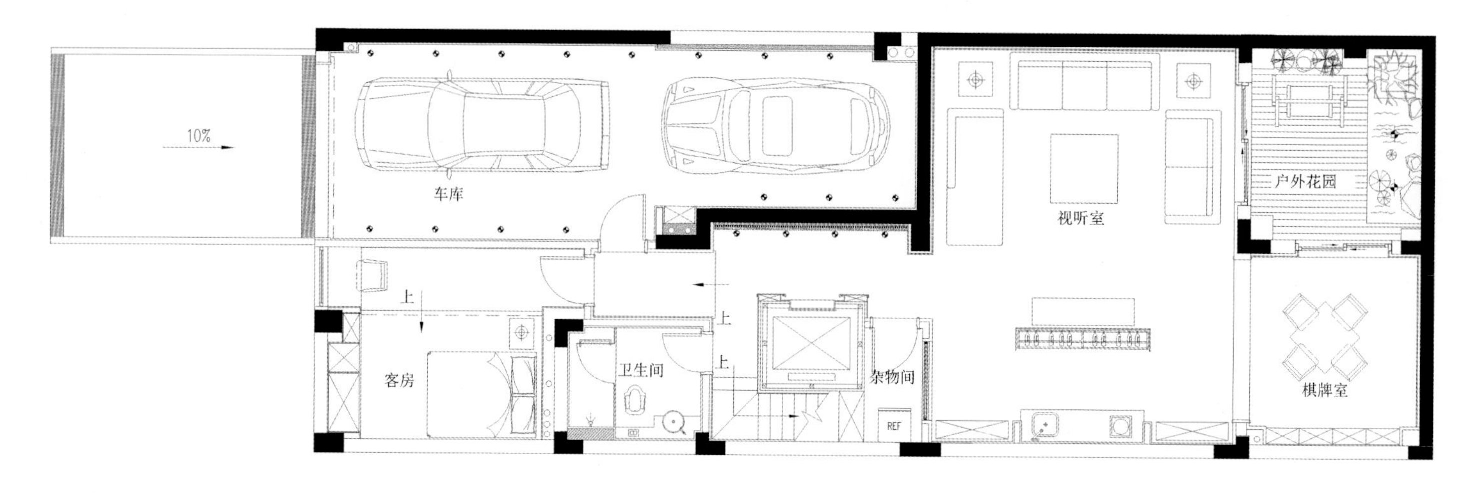

二层平面图

追求东方的自然生活品味

THE PURSUIT OF THE EAST NATURAL LIFE TASTE

项目名称_追求东方的自然生活品味 / **主案设计**_严海明 / **参与设计**_俞挺、石磊、夏小丽 / **项目地点**_浙江省宁波市 / **项目面积**_400平方米 / **投资金额**_150万元 / **主要材料**_金意陶、维卡木

A 项目定位 Design Proposition

在当下中国，快速变化更新的时代，全球文化交杂大汇集，五千年的中国东方文化也大放异彩，在当今回归追求贴近大自然的人居环境也将是人性的回归，东方文化更是来自大自然的提炼；本案大胆尝试把最原始的自然元素、东方古文化以现代简洁设计手法营造出一个充满东方文化氛围、自然、新鲜、闲趣、舒适、健康、令人惊叹的生活家居。

B 环境风格 Creativity & Aesthetics

摆脱了中式风格惯有的“沉”、“稳”、“闷”；以“自然”打破精细、雕琢、修饰惯用的设计思路；设计师设计了部分独特的活动家具，启到点睛之笔，使得更好营造了整个环境氛围。

C 空间布局 Space Planning

本案建筑设计、室内设计都为同一个设计师，所以从一开始贴近大自然为中心的设计思路贯穿了整个项目设计、施工过程，室内空间布局上，特别预留出占到了建筑面积三分之一的大空间景观阳台、景观大露台，使得居所与大自然亲密接触。三楼空间，隔墙上半部分采用了透明玻璃，使得大屋顶的空间结构完美保留。

D 设计选材 Materials & Cost Effectiveness

选材上的创新点，要属采购廉价的大直径普通原木头，进行精细计算，合理分割制作了楼梯踏步、背景、木地板、茶几、大茶桌等。部分制作保留了大锯切割的自然锯痕肌理感，其他材料也都尽可选择普通自然的材料，使得整个装修达到了真正意义上的价廉物美。

E 使用效果 Fidelity to Client

项目竣工入住后，不论使用性、实用性、美观效果都给业主生活上带来舒适、心神气爽、愉悦的好心情，众多业主亲朋好友、社会人士慕名来参观，给他们也带来了耳目一新、令其惊叹，给予了极高评价。

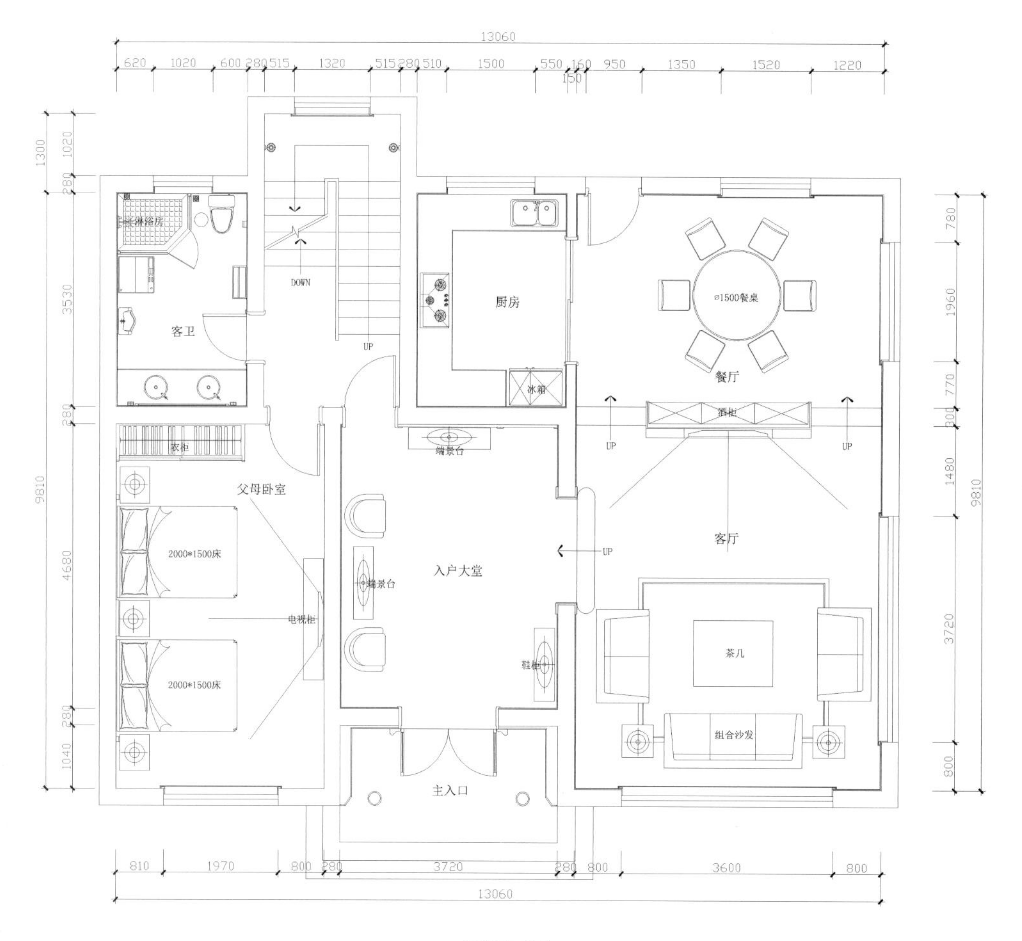

一层平面图

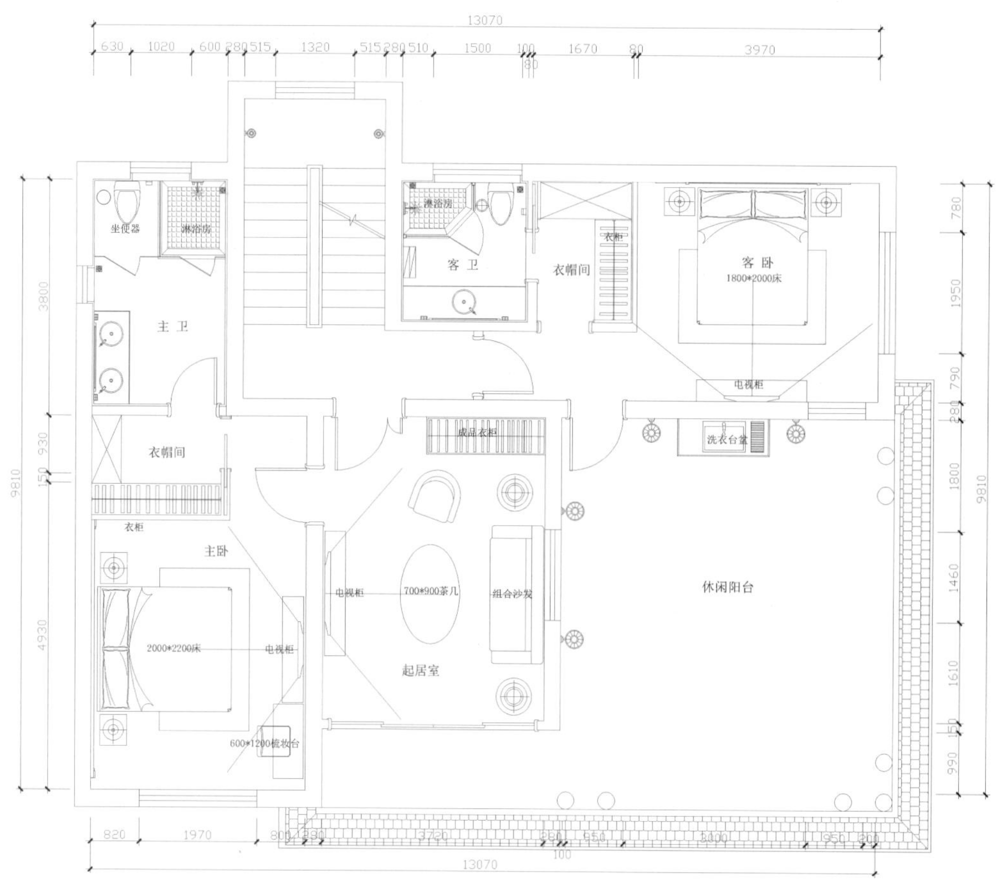
13070
主卫
衣帽间
主卧
客卫
衣帽间
客卧
1800*2000床
电视柜
洗衣台盆
休闲阳台
起居室
700*900茶几
组合沙发
电视柜
2000*2200床
600*1200梳妆台
13070

二层平面图

书香致远 屋华天然

SHUXIANG ZHIYUAN WU HUA NATURAL

项目名称 _ *书香致远 屋华天然* / **主案设计** _ *郑杨辉* / **项目地点** _ *福建省福州市* / **项目面积** _ *360 平方米* / **投资金额** _ *90 万元* / **主要材料** _ *东鹏瓷砖 / 都市国际 / 美国布朗*

A 项目定位 Design Proposition

人们常说："知书达礼"。人的气质需要书的滋养，同样的道理，家的装修不在于"看得见"的奢华，而在于能否锻造出空间的内涵和气韵，正所谓"最是书香能致远，'屋'有诗书气自华。"当人、书、空间三者之间建立起一种紧密的联系，空间就不再是一个纯粹的物质存在，"书"也超脱了"装饰物"的范畴，变成了空间的灵魂和支点。就像本案的业主，他是小学老师，非常喜欢书。对他而言，书是最佳的品味代言。所以他特别强调设计师要帮他打造一个富有"书香气"的家居空间，让这个家的美不再限于表面，而是符合主人对精神文化的更深层次的追求。

B 环境风格 Creativity & Aesthetics

本案设计师在洞悉业主的意愿的前提下，将传统文化理解吸收到现代设计当中去。通过对传统文化的再创造，把根植于中国传统文化的书籍、书法、梅花、文竹等古典艺术元素和现代设计语言完美结合，营造一种高雅悠远的氛围。与此同时，设计师还通过多元化的手法对传统文化元素进行新的演绎，让其与新环境新造型有机融合在一起，以空间界面为载体，创造出富有文化、美感和情趣的空间。

C 空间布局 Space Planning

本案设计师在充分了解业主需求的基础上，精心调配出妥适的格局。净白空间里，由"书"元素延伸出的各种造型、手法，营造出灵气盎然的人文意境。本案设计师在适当的角落利用陶瓷艺术品、绿植给空间"填空"，充分发挥这些景观小品的形态美，打造空灵雅致的环境效果，让人置身室内也能享受户外庭院的美景和悠闲的氛围。

D 设计选材 Materials & Cost Effectiveness

客厅的地板通过光面与哑光面瓷砖的结合来形成一种独特的视觉效果，设计师特意将其切割成不同大小的"书脊"形状，跟墙面形成一体式的造型，而且与"书盒"外观的厨卫连体空间形成呼应，给人浑然一体的构图美感。餐厅旁边的玻璃推拉门既可以隔离油烟，又放大了空间的视野。卧室采用不同色阶的黑白灰，调和出一个极简的时尚空间，大面积的实木铺陈，给人舒适温馨的审美体验。地下室的设计简明通透，并通过天窗的运用，引入花园的自然光，同时搭配玻璃、陶艺、麻布、草编等材质，营造出一种纯净如水的空间意象。

E 使用效果 Fidelity to Client

不论最初的设计概念还是最终的空间效果都得到了业主的充分认可。

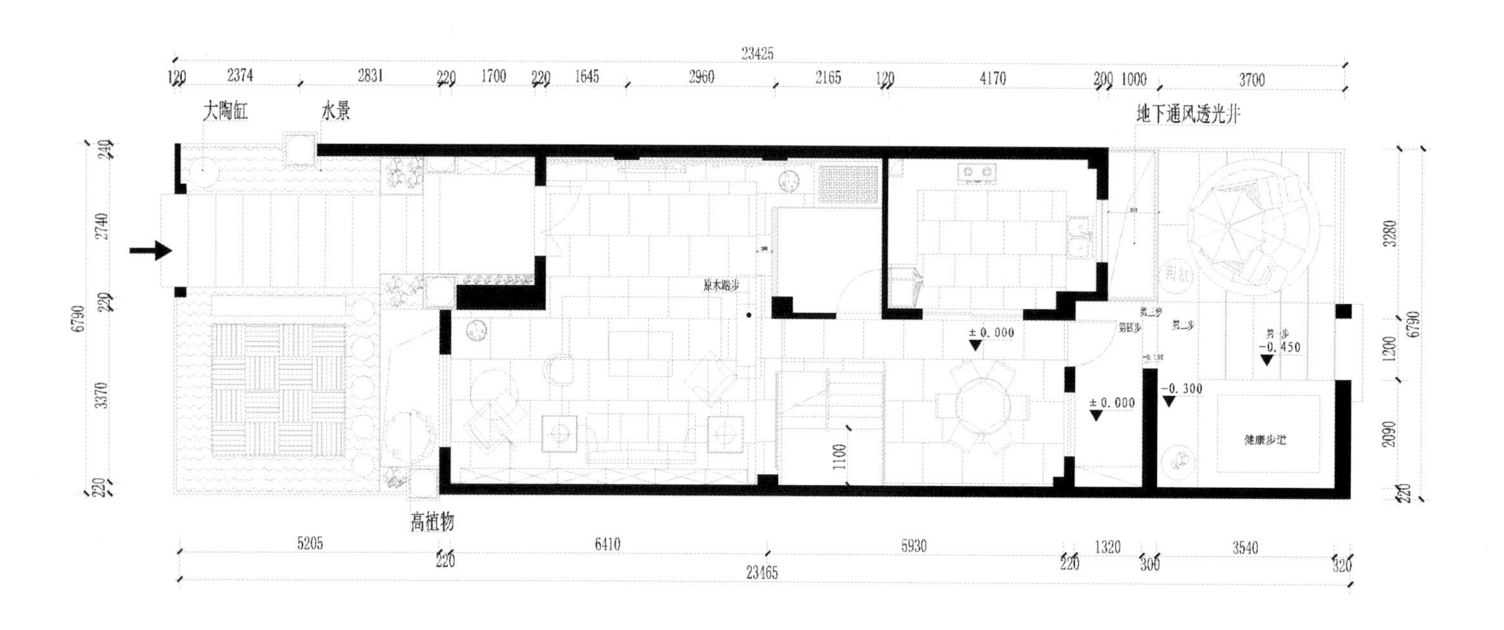
23425
120
2374
2831
220
1700
220
1645
2960
2165
120
4170
200
1000
3700
大陶缸
水景
地下通风透光井
±0.000
-0.450
-0.300
±0.000
健康步道
1100
高植物
5205
6410
5930
1320
3540
220
220
300
320
23465
240
2740
220
6790
3370
220
3280
1300
6790
2090
220

一层平面图

INTERIOR DESIGN REVIEW
CENTURY

艺术品收藏家的别墅

ART COLLECTOR'S VILLA

项目名称_*艺术品收藏家的别墅* / **主案设计**_*Arnd Christian Müller* / **参与设计**_*momentum设计团队* / **项目地点**_*北京市* / **项目面积**_*450平方米* / **投资金额**_*万元* / **主要材料**_*中式家具、真皮沙发、古董字画*

A 项目定位 Design Proposition

房子一共有两层，大都保留了原始水泥建筑的风格，搭配各中样式的中式家具和古董及雕塑。

B 环境风格 Creativity & Aesthetics

1、透过落地窗可以看见女主人精心侍弄的后花园，花园里，深绿夹着浅绿层层叠叠。早晨或者黄昏，当自然光透过落地窗从屋外钻进来，随着光线的变化会使空间显得格外安逸。

2、二层的图书室旁也有个会客区，同样是一字形的空间，横平竖直，开阔大气，一整面墙的书柜很有味道。

C 空间布局 Space Planning

一层的大客厅，简洁开阔，一览无遗。古朴的中式茶几上摆着各式样的雕塑。自然光从右边的落地窗和门照射进来。

D 设计选材 Materials & Cost Effectiveness

客厅旁边，原木柜子与陶罐形成朴素的呼应，蓝色的几何形地毯凸显出现代感。

E 使用效果 Fidelity to Client

舒适的居住环境，女主人在闲暇时精神侍弄的后花园，都给女主人带来满满的温馨和安逸。

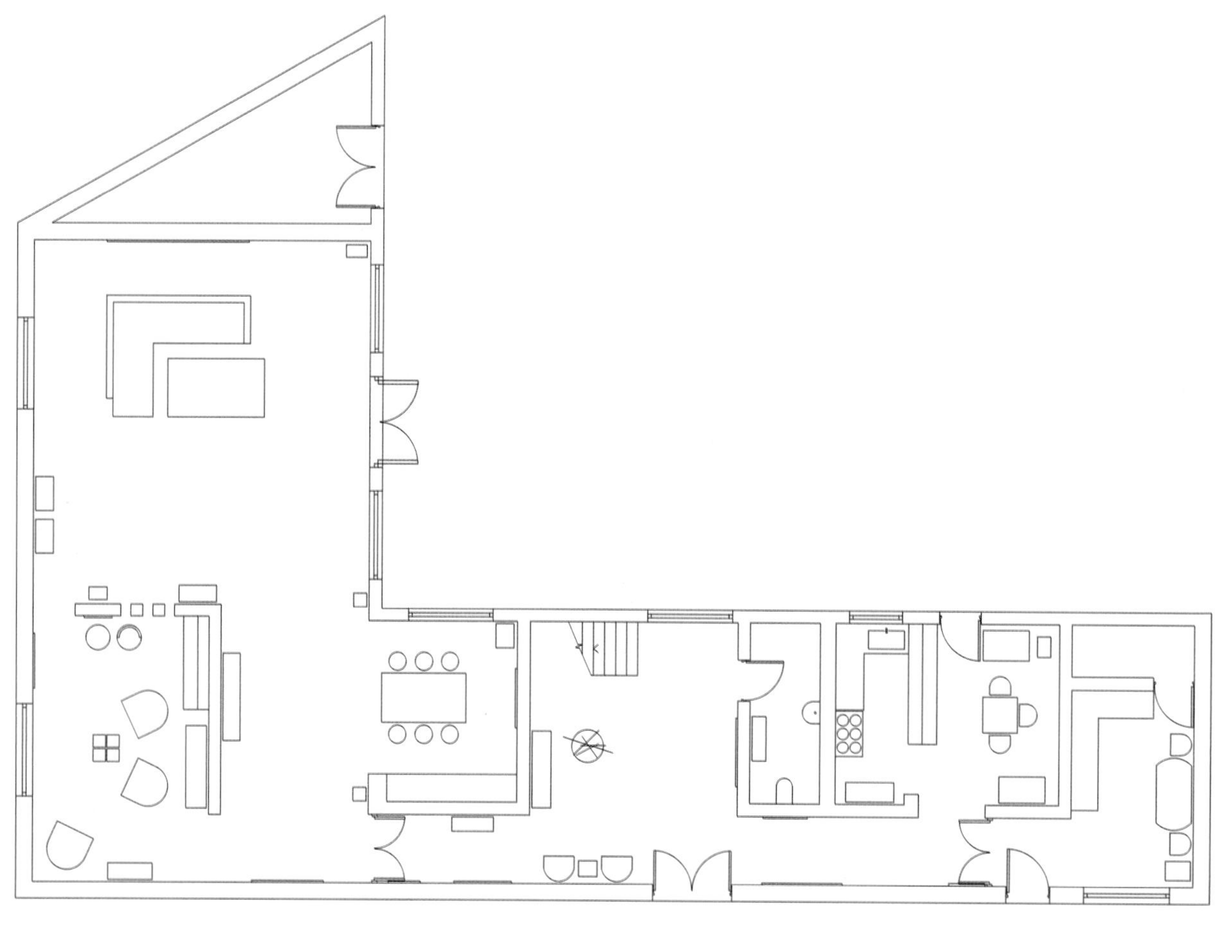

一层平面图

生活的艺术
THE LIFE OF ART

项目名称_生活的艺术 / **主案设计**_平凸 / **参与设计**_涂程亮、刘纪广、宁本翠 / **项目地点**_北京市 / **项目面积**_1200 平方米 / **投资金额**_600 万元 / **主要材料**_墙板、天然大理石、实木地板、壁纸、马赛克

A 项目定位 Design Proposition

业主同时买下两层共四套住宅，通过设计师大胆的改造，把四户住宅内部贯通，并且合理设计楼梯，将公寓创造成独特的城市空中别墅。设计师为了体现新古典主义的风格，将怀旧的浪漫情怀与现代人对生活的需求相结合，兼容华贵典雅与时尚现代，反映现代人独特个性化的美学观点和文化品位。

B 环境风格 Creativity & Aesthetics

该住宅的设计有着清晰的设计语言，室内以黑色和白色为主色调，展示了古典的优雅气质。

C 空间布局 Space Planning

在色彩的运用上，设计师打破了传统古典主义的忧郁，沉闷，以靓丽温馨的象牙白，米黄，清新淡雅的浅蓝，稳重而不奢华的暗红、古铜色等演绎古典主义的华美，亲人的新风貌。设计既达到了业主的预期效果，也达到了设计师的审美标准。

D 设计选材 Materials & Cost Effectiveness

新材料和造型设计相辅相成，如装饰板条、墙板、天然的石材等。新颖的凸起型墙板，既美观又给房间增添了丰富的细节、空间感和条理性。在结构上，区域之间相互连通又各自独立，大大增加加了空间的流动性。

E 使用效果 Fidelity to Client

国学大师林语堂先生曾在《生活的艺术》中这么写道：“享受悠闲生活当然比享受奢侈生活便宜得多。要享受悠闲的生活只要一种艺术家的性情，在一种全然悠闲的情绪中，去消遣一个闲暇无事的下午。”如他所言，悠闲的生活才是最好的艺术。设计师从艺术的角度出发，刻画出了独属于业主的浪漫生活。

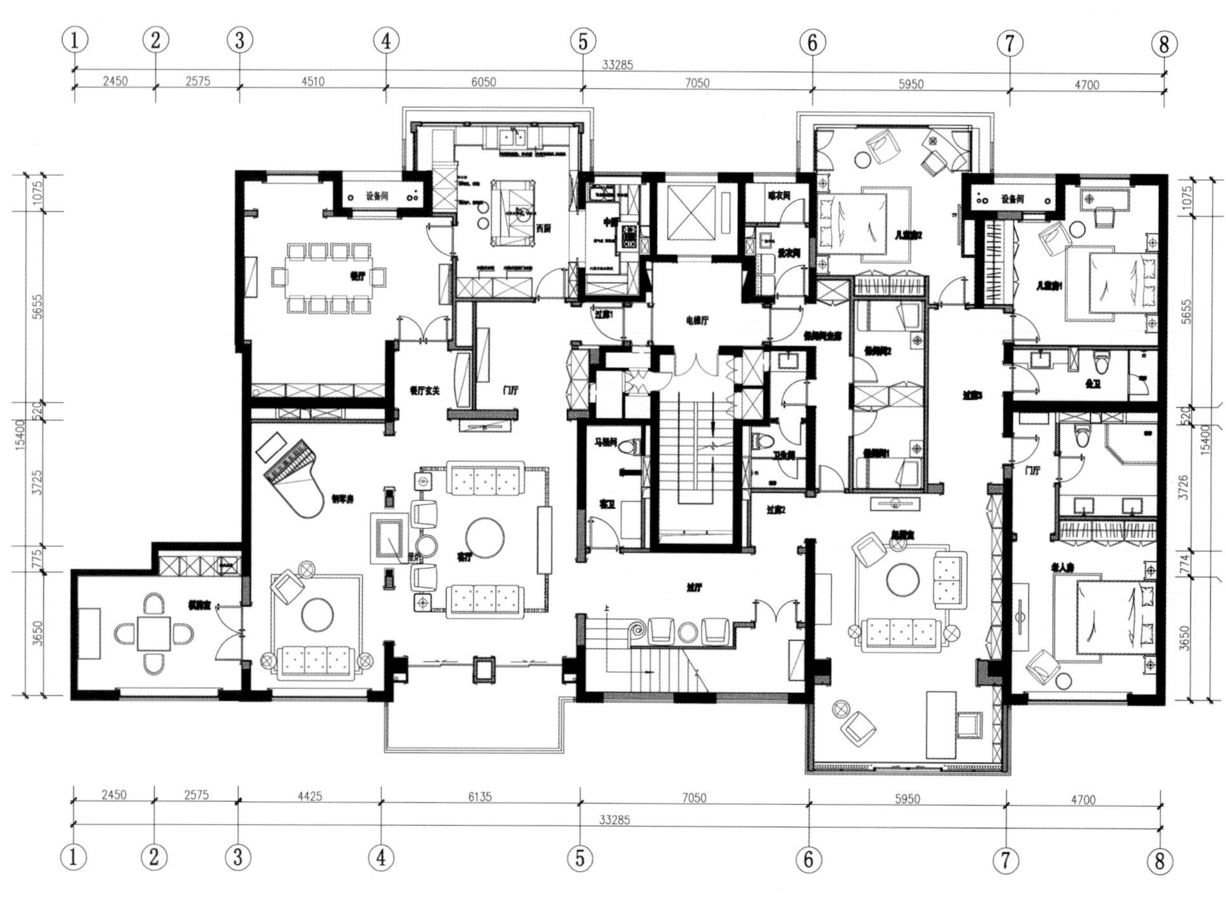

33285
2450
2575
4510
6050
7050
5950
4700
4425
6135
1075
5655
520
15400
3725
3726
775
774
3650

一层平面图

私人别墅
PERSONAL VILLA

项目名称 _ *私人别墅* / **主案设计** _ *王本立* / **参与设计** _ *付俊* / **项目地点** _ *河南省郑州市* / **项目面积** _*500 平方米* / **投资金额** _*600 万元* / **主要材料** _*ICC 西部胡桃*

A 项目定位 Design Proposition

我们丢弃中国传统文化太久，以至于迷失了自己，可以欣慰的是：越来越多的社会名流、商界精英们开始关注并喜欢中国传统文化了，用《三字经》教育孩子，用《弟子规》打造企业文化，用《道德经》净化自己的心灵，用红木家具装扮自己的家……

B 环境风格 Creativity & Aesthetics

本案是一个独栋别墅，主人喜欢收藏红木家具，他希望他的家可以让那些红木家具在这里相得益彰，和谐美好。红木家具虽然名贵，但是如果搭配不当，很容易落入俗套。设计师利用中国传统木花格、中式藻井、条案、中国画等，重新提炼，结合现代生活方式，力求达到传统与现代的完美结合。使整个空间呈现雍容华贵、大气典雅。

C 空间布局 Space Planning

茶室与休闲区的水景因势而为，为空间增添趣味。

D 设计选材 Materials & Cost Effectiveness

入口玄关处，红木条案上放着一高一矮两个花瓶，一支干松枝笑迎宾主。步入客厅，首先映入眼帘的是 4 米多高的白色大理石电视背景墙，设计师运用大理石的自然纹理，拼成了一副气势宏伟的山水画。客厅的四角由八根金丝楠圆柱连接天地，中心天花是红木雕刻的祥云图案，与红木沙发遥相呼应，方正的吊灯洒落下温暖的光芒，高贵尽显。

开放式的书房放在了走廊尽头，书香尽可满溢每个房间。仁者乐山，智者乐水，为了跟窗外的山景相映成趣，设计师利用自然落差，临窗设计了一个流水小景，水声委婉动听，仿佛禅音袅袅，不绝于耳。可读书、可习字，可抚琴，山水幽音，心灵早就远离了凡尘。主卧的一副《富贵白头》花鸟画，寓意主人公恩爱天长，白头到老。而天花设计尽显设计师的人性化，其他区域尽可华贵优雅，而床的正上方却全部留白，没有压抑之感，仿佛是为了安放主人公安详无忧的中国梦。

E 使用效果 Fidelity to Client

项目完成后，设计师不但受到业主的肯定还和业主成为了很好的朋友。

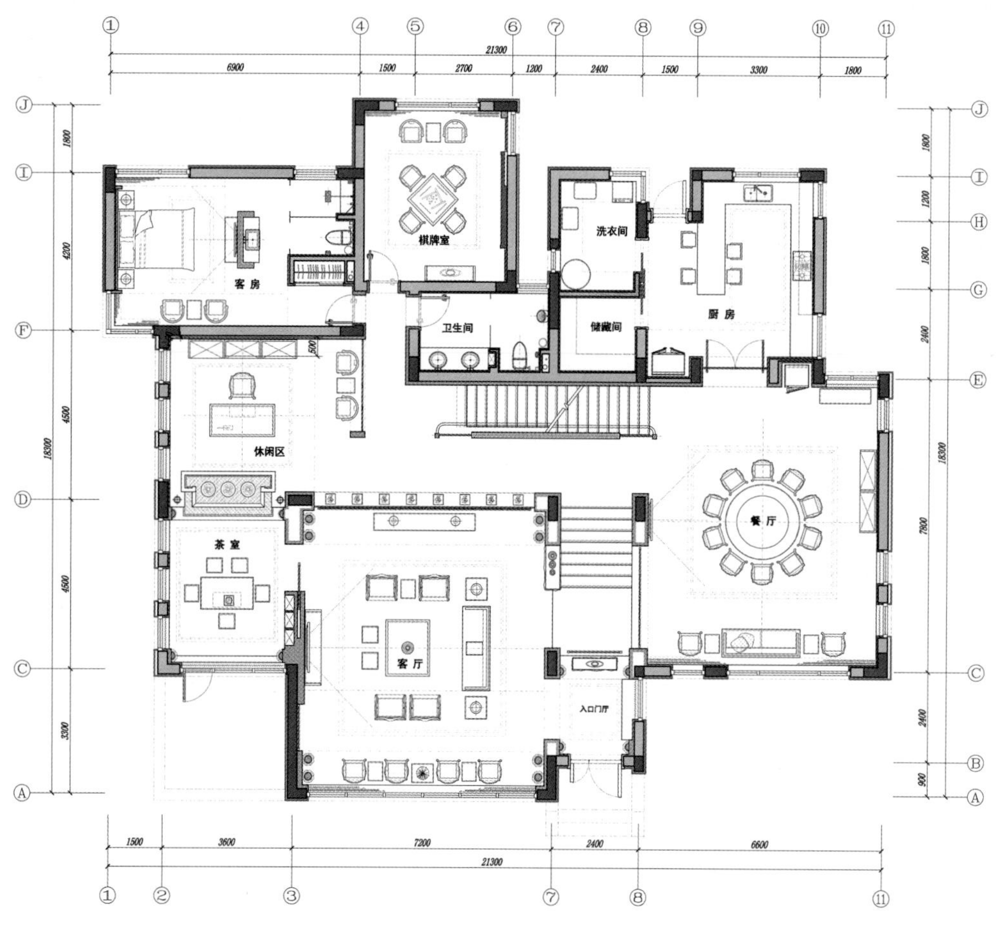

21300
6900
1500
2700
1200
2400
1500
3300
1800
客房
棋牌室
洗衣间
厨房
卫生间
储藏间
休闲区
茶室
客厅
餐厅
入口门厅
1500
3600
7200
2400
6600
21300

一层平面图

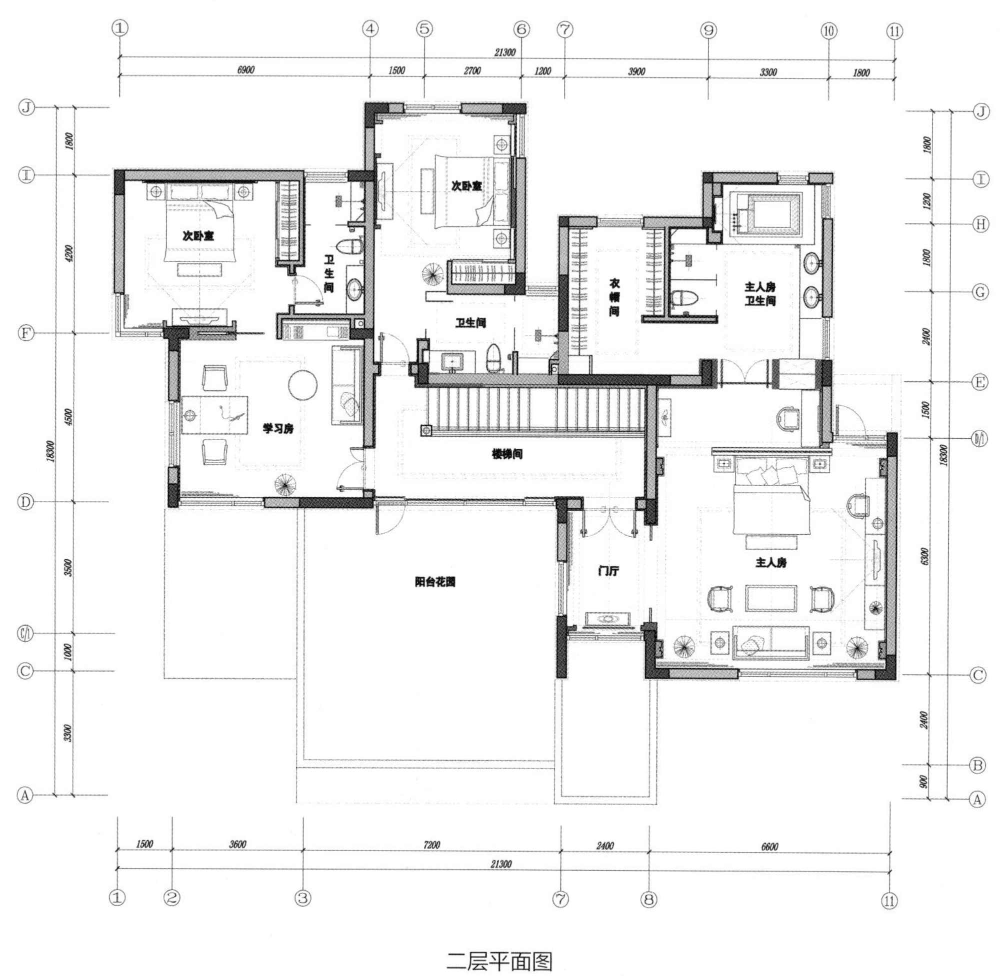

21300
6900
1500
2700
1200
3900
3300
1800
次卧室
卫生间
次卧室
衣帽间
主人房卫生间
卫生间
学习房
楼梯间
阳台花园
门厅
主人房
1500
3600
7200
2400
6600
21300

二层平面图

中式别墅
CHINESE STYLE

项目名称 _ 中式别墅 / **主案设计** _ 刘洋 / **参与设计** _ 谢晓松、章平 / **项目地点** _ 湖北省武汉市 / **项目面积** _400 平方米 / **投资金额** _160 万元 / **主要材料** _ 诺贝尔、郁金香、科勒

A 项目定位 Design Proposition
本作品是通过对传统文化的认识，将现代需求和传统元素结合在一起，以现代人的审美需求来打造富有传统韵味的事物，让传统艺术在当今社会的到合适的体现，表达对清雅含蓄、端庄丰华的东方式精神境界的追求。

B 环境风格 Creativity & Aesthetics
本作品作为现代人的居住别墅，更加契合业主自身的生活理念，充分体现了业主生活的舒适度以及精神享受。以传统中式结合现代生活需求，更加符合实际生活需要。

C 空间布局 Space Planning
本作品保留具有中式特色的天井，庭院，又加入现代生活所需的影音室，休闲间，从风格与功能上更加完美的诠释了中式的魅力。

D 设计选材 Materials & Cost Effectiveness
本作品以较多的木质材质修饰环境，辅以硬包，软装上加以富含中式元素的墙纸，窗帘，具有蕴含古典中式的实木家具承接，更显清雅端庄。

E 使用效果 Fidelity to Client
本作品在其业主入住以后，经常会受到业主及其亲友邻居的赞赏。好评不断，称其舒适尤佳，风格端庄丰华，自成大气之家。

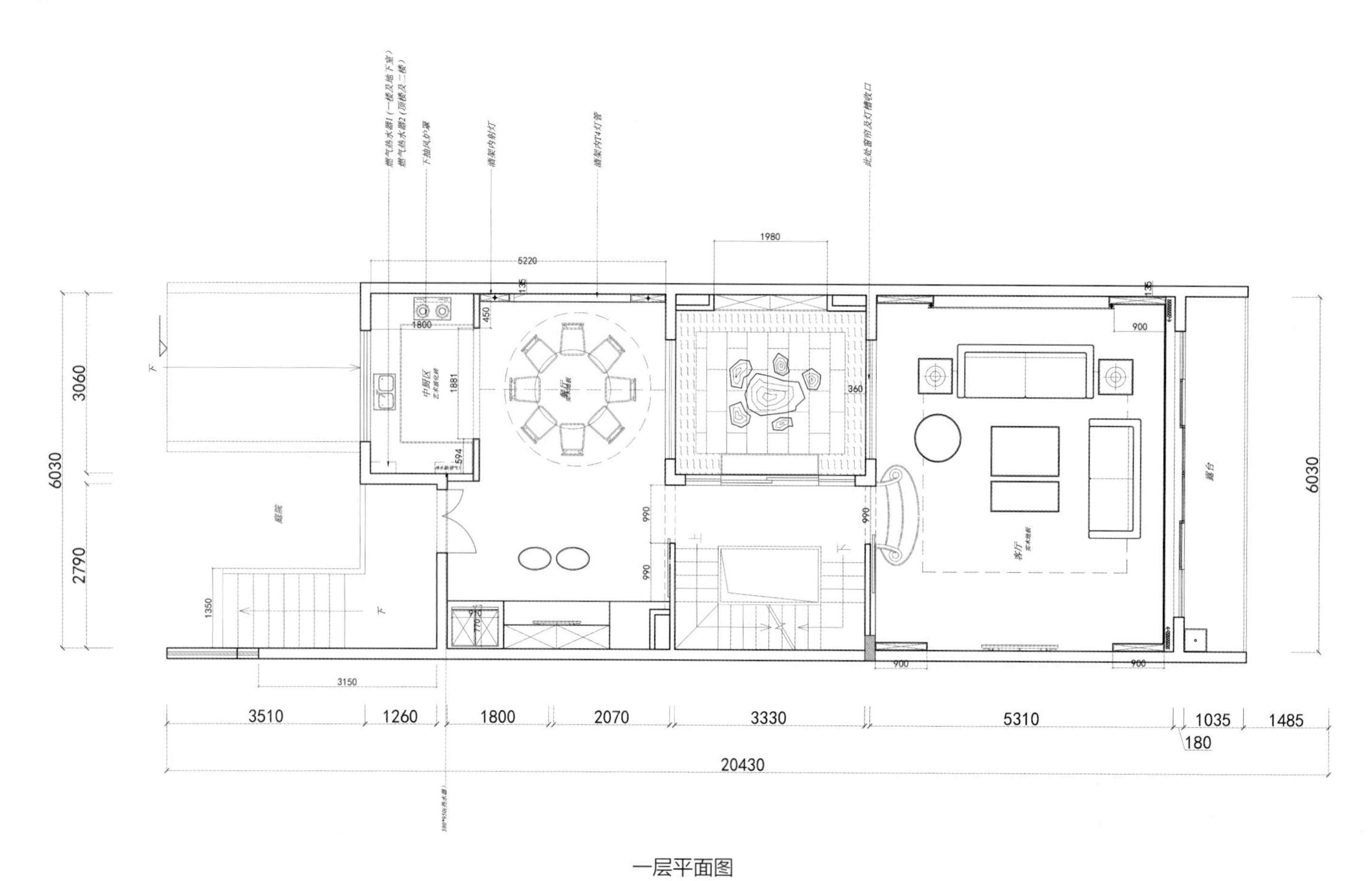
3510
1260
1800
2070
3330
5310
1035
1485
180
20430
3060
2790
6030
5220
1980

一层平面图

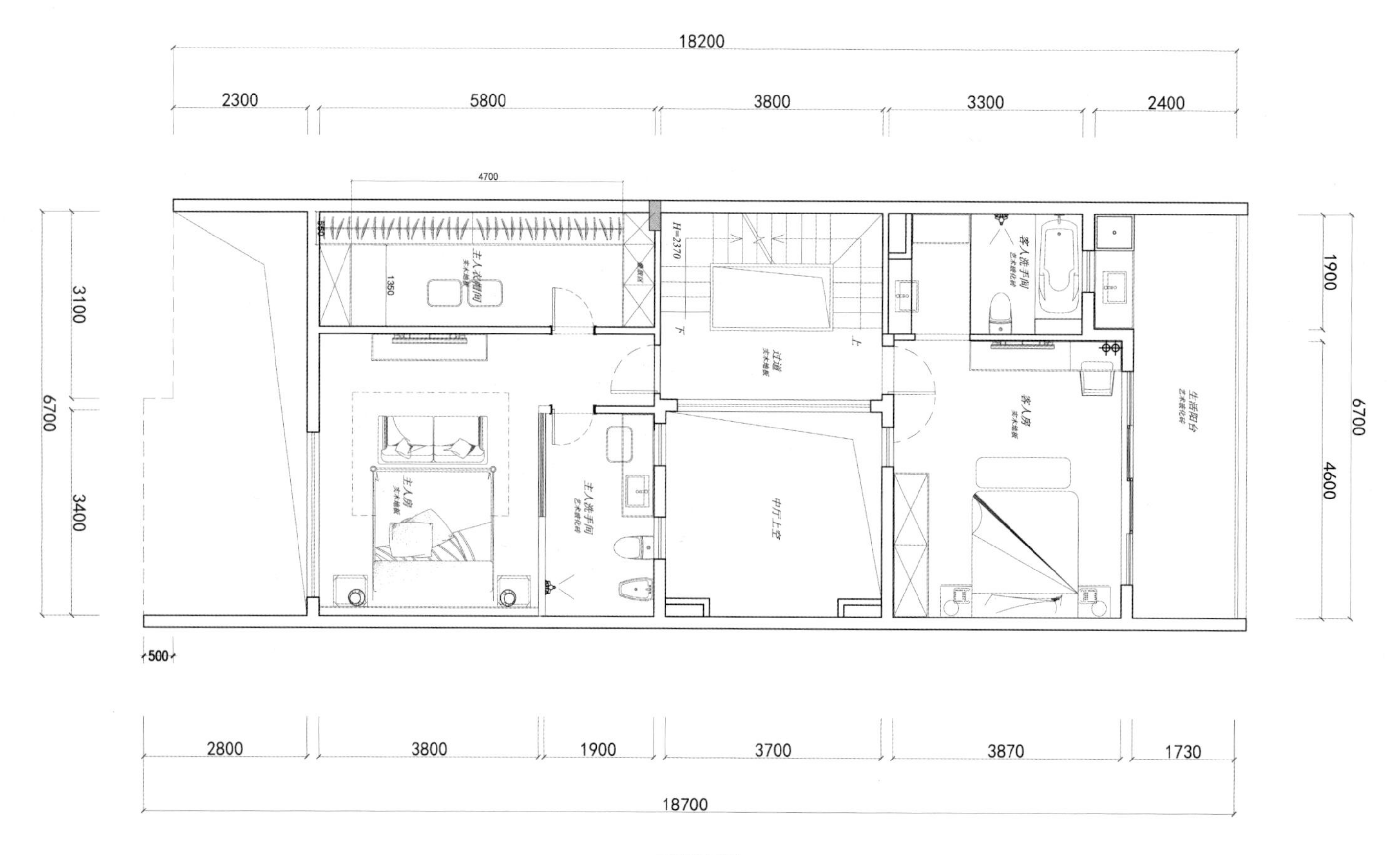

18200
2300
5800
3800
3300
2400
4700
3100
6700
3400
1900
6700
4600
500
2800
3800
1900
3700
3870
1730
18700

一层平面图

牡丹謝卻蓮花落
悒露淋風我自芳